不输给自己
我的工作我做主

李宇晨 编著

煤炭工业出版社
·北京·

图书在版编目（CIP）数据

不输给自己，我的工作我做主/李宇晨编著．－－北
京：煤炭工业出版社，2018

ISBN 978 - 7 - 5020 - 6961 - 2

Ⅰ. ①不…　Ⅱ. ①李…　Ⅲ. ①职业道德—通俗读物
Ⅳ. ①B822. 9 - 49

中国版本图书馆 CIP 数据核字（2018）第 245167 号

不输给自己　我的工作我做主

编　　著	李宇晨
责任编辑	马明仁
编　　辑	郭浩亮
封面设计	荣景苑

出版发行　煤炭工业出版社（北京市朝阳区芍药居 35 号　100029）
电　　话　010 - 84657898（总编室）　010 - 84657880（读者服务部）
网　　址　www. cciph. com. cn
印　　刷　永清县晔盛亚胶印有限公司
经　　销　全国新华书店

开　　本　880mm×1230mm$^1/_{32}$　印张　$7^1/_2$　字数　200 千字
版　　次　2019 年 1 月第 1 版　2019 年 1 月第 1 次印刷
社内编号　9841　　　　　　定价　38. 80 元

前　言

　　职业大师摩尔·佩恩在他的畅销书《职场灵魂》中有一段话："如果一个人觉得工作压力愈来愈大，工作对他而言只有紧张，毫无快乐可言时，那就说明他有些地方不合拍了。要想从根本上解决这个问题，他必须从心理上调整自己，否则换一万次工作也是枉然。"

　　工作是一个人施展才华的舞台。多年寒窗苦读练就的应变能力、决断力、适应力以及协调能力都将在这样的一个舞台上得到展示。除了工作，没有哪项活动能提供如此高度的充实自我、表达自我的机会以及如此强的个人使命感。

　　本书旨在告诉那些想成为优秀员工的人们，你的任何努力都是在为你的成长和事业的发展积累资本；表面上是在为老板或公

司工作，实际上却是在为你自己工作；不仅基本的薪水要靠自己的工作业绩来换取，个人在公司的职位晋升、人格的提升和品行的锻造等无一不是自身努力的结果。没有人能够取代你的位置，更没有人能够掩盖你的才华。要活出自己的精彩，就要在工作岗位上展示自己的智慧和忠诚。特别是老板不在的时候，一个聪明的员工会更加勤奋，更加努力，更加敬业和负责。因为他（她）知道每个人，每时每刻都在塑造自己的形象。

如果你希望获得事业的成功，实现自己的价值，那么，就请做好在职的每一天吧。因为只有不断地超越平庸，追求卓越，追求完美，才能创造成功，获得事业的辉煌。

本书的写作是面向众多的员工和管理者的，作者经过大量的调查，又针对企业和企业文化、职业精神与价值观念建设和实践的需求，提炼和归纳出如何造就优秀企业和优秀员工的最基本的准则。毫无疑问这是每个企业老板和员工值得一读的好书！

目 录

|第一章|

我的工作我做主

工作的核心在于态度 / 3

为自己而工作 / 8

别把工作当儿戏 / 12

平凡并不等于平庸 / 17

做好工作的准备 / 22

踏实工作 / 27

怀有感恩的心 / 32

快乐工作 / 41

工作的快乐在于心态 / 45

工作着，快乐着 / 50

视工作为游戏 / 55

让工作积极起来 / 62

敬畏职业 / 69

|第二章|

为谁而工作

坚持下去 / 75

工作是你事业成功的基石 / 83

工作的意义 / 90

生命的价值在于工作 / 95

你在为谁工作 / 98

工作人的天职 / 103

善待你的工作 / 111

工作就是你的使命 / 117

|第三章|

善待工作

热爱工作 / 127

把工作做到最好 / 131

目 录

工作岗位是你施展才华的平台 / 134

珍惜目前的工作 / 139

尊重自己的工作 / 145

接受工作的全部 / 149

|第四章|

细节决定成败

细节决定成败 / 155

做好每一件小事 / 161

魔鬼藏在细节中 / 166

细节铸就完美 / 173

细节背后的伟大力量 / 180

忽视细节的代价 / 187

处理好每一个细节 / 194

4

不输给自己，我的工作我做主

|第五章|

良好的工作态度

工作没有借口 / 203

工作需要埋头苦干 / 207

向借口说"不" / 211

杜绝一切借口 / 218

意识到自己的责任 / 228

第一章

我的工作我做主

工作的核心在于态度

每个人都有不同的工作轨迹，有的人成为公司里的核心员工，受到老板的器重；有的人一直碌碌无为；有些人牢骚满腹，总认为与众不同，而到头来仍一无是处……众所周知，除了少数天才，大多数人的禀赋相差无几。那么，是什么在造就我们？改变我们？是态度！态度是内心的一种潜在意志，是个人的能力、意愿、想法、感情、价值观等，在工作中所体现出来的外在表现。

在企业之中，我们可以看到形形色色的人。每个人都有自己的工作态度，有的勤勉进取，有的悠闲自在，有的得过且过。工作态度决定工作成绩。我们不能保证你具有了某种态度就一定能成功，但是成功的人们都有着一些相同的态度。

企业中普遍存在着以下三种人。

第一种人，得过且过。

玛丽的口头禅是："那么拼命为什么？大家不都拿同样一份薪水吗？"

玛丽从来都是按时上下班，从不多做或少做工作；职责之外的事情一概不理，分外之事更不会主动去做。不求有功，但求无过。

一遇挫折，她最擅长的就是自我安慰："反正晋升上去是少数人的事，大多数人还不是像我一样原地踏步，这样有什么不好？"

第二种人，牢骚满腹。

史密斯永远悲观失望，他似乎总是在抱怨他人与环境，认为自己所有的不如意都是由于环境造成的。

他常常自我设限，让自己本身的潜能无法发挥；他其实也是一个有着优秀潜质的人，然而，却整天生活在负面情绪当中，完全享受不到工作的种种乐趣。

这种总是牢骚满腹，这种消极情绪会不知不觉传染给其他人。

第三种人，积极进取。

在企业里经常可以看到桑迪忙碌的身影，他热情地和同事

们打着招呼，精神抖擞，积极乐观，永争第一。

桑迪总是积极地寻求解决问题的办法，即使是在项目受到挫折的情况下也是如此。因此，他总能让希望之火重新点燃。

同事们都喜欢和他接触，他虽然整天忙忙碌碌，却始终生活在积极情绪当中，时刻享受工作的乐趣。

一年后，玛丽仍然做着她的秘书工作，上司对她的评价始终不好不坏。一年一度的大学生应聘潮又开始了，也许，新鲜的血液很快就会补充进来。

在公司里人们已经很久没有见到史密斯，去年经济不景气，公司裁员，部门经理首先就想到了他。经济环境不好，公司更需要提升业绩，团结一致，史密斯却除了发牢骚，没有什么作为。第一轮裁员刚刚开始，史密斯就接到了解聘信……

而桑迪还是那么积极进取，忙碌的身影依然随处可见，他已经从销售员的办公区搬走，这一年，被提升为销售经理，新的挑战才刚刚开始。

在公司，员工与员工之间在竞争智慧和能力的同时，也在竞争态度。一个人的态度直接决定了他的行为，决定了他对待工作是尽心尽力还是敷衍了事，是安于现状还是积极进取。态

度越积极，决心越大，对工作投入的心血也越多，从工作中所获得的回报也就相应地越多。

玛丽、史密斯、桑迪三人，一个面临失业的危险，一个已经被解聘，一个得到晋升。这并不是说得到晋升的桑迪比史密斯、玛丽在智力上更优秀，而是不同的工作态度导致的。尤其是在一些技术含量不高的职位上，大多数人都可以胜任，能为自己的工作表现增加砝码的也就只有态度了。这时，态度也是你区别于其他人，使自己变得重要的一种能力。

那些慵懒怠惰的人、那些态度上不具备竞争力的人只注重事物的表象，无法看透事物的本质。他们只相信运气、机缘、天命之类的东西。看到他人工作出色，他们就说："那是天分。"看到人家屡次加薪，他们就说："那是幸运！"发现有人被老板所重用，他们就说："那是机缘。"

事实上，不管你所工作的机构有多么庞大，甚至也不管它有多么糟糕，每个人在这个机构中都能有所作为。某些上司可能对员工的工作设置障碍，或对员工的出色表现视而不见，或者不能充分赏识和鼓励；也有一些上司愿意对员工进行培训，改善他们的业绩，并给予鼓励。但不管环境的利弊，最终，卓越的工作表现，都需要积极的态度。

　　一开始，你会觉得坚持这种态度很不容易，但最终你会发现这种态度会成为你个人价值的一部分。而当你体验到他人的肯定给你的工作和生活所带来的帮助时，你就会一如既往地秉持这种态度做事。

为自己而工作

总有一天你会明白，每个人的一生都是在给自己打工。

一个人的世界观和处世态度，也就是我们常说的心态，往往决定了他一生的前途和命运。

这个世界上除了生命的长短无法掌握，就几乎没有什么东西是天定的，只要你愿意去把握自己，突破自己，就能做到。这体现在工作中就是把一切应该去做、去完成的事情都当作"我的"。

无论是工作还是劳动，心态很重要，你当它是别人给自己的事，是苦差事，便会感到苦；你若当它是自己的事情，是生活中不可或缺的一部分，便会感到快乐。把工作只当成工作的人，很苦，也很可怜；把工作当成生活的人，很快乐，也会很成功。

有位年事已高的僧人，仍旧毫不间断地天天早起工作，在

晨曦中晾晒菜干。

　　信徒问他："师父，您多大年纪了？"

　　"79岁了。"

　　"那早该享享清福了，为什么要让自己这么累呢？"

　　老僧人说："因为我，我存在。"

　　"那也不一定非要在烈日下干活儿啊。"

　　"因为我，太阳也存在。"

　　"我的地盘听我的""我的生活听我的"，抱着一切都是为自己的想法去生活、去工作的人，不会感觉疲惫，更不会抱怨什么。因为自己的获得是实实在在的，并且能乐在其中。这样的人即使遇到了不公正的待遇，也不至于自乱阵脚，反而能平心静气地想办法，寻求可能的改变。倘若最后必须要承受一些损失，那这种人的心里也不会有太大的落差，更不会因此一蹶不振，丧失工作的激情。

　　因为他们明白，我失去了，但我可以再努力获得，自己永远是掌握自己人生的舵手，没有什么事情可以轻易地左右我，哪怕只是小小的情绪。

　　这样的人对于责任，不会选择逃避，反而会主动去承担，

而对于获益颇丰的好事，也不会喜形于色，不能自抑，只是欣然接受而已。

归根结底，我们要为塑造自我而负责。这种说法甚至也不够准确，因为我们不可能永远不变。

亚里士多德特别强调："我们怎样定义自己，我们就成为怎样的人。"负责任的人是成熟的人，是豁达的人，是可以找到自己人生主动权的人。他们能把握自己的行为，做自我的主宰。每一个渴望成功的人，都应该教育自己拥有"我的"心态，以这样的心态投入到工作中去，让它成为我们脑海中一种强烈的意识，在日常行为和工作中，这种意识会让我们表现得更加卓越。

我们经常可以见到这样的人：他们在谈到自己的工作时，使用的代名词通常都是"他的"，而不是"我的"。这份工作它怎样怎样，这是一种缺乏自我感的典型表现，这样的人是从心里把自己定位在小的局限里，失去了长远的发展眼光，也失去了对自己的自信。

当然，这种"自我"拥有感是不容易获得的，原因就在于它是由许多小事构成的。但是最基本的是做事成熟，无论多小的事，都能够当成自己的事情来做，并且比别人做得好。比如

说，该到上班时间了，可外面阴冷下着雨，而被窝里又那么舒服，你还未清醒的责任感让你在床上多躺了两分钟，你一定会问自己，你这样是为自己好吗？你尽到职责了吗？还没有……除非你的自我感真的没有发芽，才会欺骗自己。

自我感是简单而无价的。世界是你的，更是我的，生活是我的。这样的心态才是正确的自我心态。

如果在工作中，对待每一件事的态度都是"我的事情我愿意去做"的话，那么这样的人迟早会成为一个让所有人为之震惊、为之羡慕，能赢得足够的尊敬和荣誉的人。

别把工作当儿戏

在企业里，如果你掌握了必要的工作态度和技能，就能提升自己在老板心目中的地位。随之，你会频频出现在企业里的重要会议上，甚至被委以重任，因为在老板心目中，你已经变得不可替代了。

作为个人来讲，不管你选择什么样的工作，你都应该全心全意、尽职尽责地去完成，不把工作当成儿戏，也不要把工作当成"为了五斗米折腰"的事情，或是升官发财的手段。当你在工作的时候，你要明白，工作是赋予生命意义的重要元素。当你全心全意投入所从事的工作时，好处自然会随之而来。不管你从事何种工作，都要端正你的工作态度，都要不断培养你的工作能力，并注重你在工作中的个人行为。

成功与你对待工作的心态是成正比的。如果你具有良好的心态，全力以赴，把全部精力都投入到工作中，就一定会有所

成就。哈佛大学曾经对《财富》前100强企业的CEO做了相关的调查研究，试图寻找使他们取得成功的原因。研究的结果令人惊讶，接受调查的700个人里，因为专业技能超越别人而获得成功的只占15%，而另外的85%则是因为他们的职业观念和工作态度获得了成功。

哈佛大学紧接着就反省自己的教育体系，结果发现，人们通常花掉了80%的时间和精力去提升自己的专业技能，而对于观念态度的投入只有20%。换句话说，很多人没有使对劲，反而在勤勤恳恳地走向失败。这就难怪为什么成人教育机构那么多，而能获得职业成就的人却又那么少了。

在工作中，我们一定要端正自己的工作态度。当我们抱着积极的心态，去面对身边的每一项工作，我们就会发现，每一件事情都对自己有着深刻的意义。也就是说，我们要看一个人是否能做好事情，只要看他对待工作的态度即可。一个人不管从事什么职业，都应该尽职尽责，尽自己最大的努力把工作做好。而一个人的工作态度，又与他本人的性情、才能有着密切的关系。一个人工作的好坏，所体现出的是他的工作态度。人如果没有了事业和理想，生命就会失去意义。一个人的工作态度是积极向上的，就表明他的志向、理想和责任是他完成自

己的一个生命过程。所以说，无论你身居何处，即使在贫穷困苦的环境中，如果能全身心投入到工作中，尽职尽责，忘我工作，最后就会获得成功。那些在人生中取得成就的人，一定在某一特定领域里进行过坚持不懈地努力。

对工作的不同态度，可以造成不同的工作作风。你可以充满激情地去工作，也可以消极冷漠地去工作；可以快乐地工作，也可以痛苦地工作；可以乐观进取地去工作，也可以无奈地做。把工作做好做坏，如何去做，这完全在于我们，这是对工作的态度选择不同而造成的。

在工作中职业化态度之所以受到重视，就是因为很多公司的管理者发现，很多"团队白痴"虽然受过高等教育，可思维方式、待人处世和行为言谈却如同低能者，如果任其发展，迟早会让整个组织变成"白痴团队"的。因此，除了学历、证书、技能之外，职业化态度正在成为职业竞争力最为重要的部分，被越来越多的公司作为评判员工是否优秀的基本要素。

当然，一个人的能力也是很重要的，钢铁大王卡内基说："大多数人只花费了25%的精力和能力在工作上。如果有人能投入50%以上的能力在工作上，他几乎可以赢得全世界人的敬意了。至于能够100%全身心投入工作的人，恐怕在这个世界上找不出几个。"

你对自己的能力、地位、重要性和社会角色的评价，将会在你的表情上显现出来，将会从你的行为举止中显现出来。

我们无论从事什么样的工作，都要培养起自己坚持不懈、不怕打击的抗挫能力。如果一个人意志极为脆弱，决心也不坚强，那么，他一遇到困难就会目瞪口呆、沮丧气馁。在我们的身边，同样看到有这么一群人，他们刚开始的时候兴味盎然地准备大干一场，可是，在他们干的过程中，往往是遇到一点儿困难就放弃了。这些人的失败，往往就是因为意志不坚定造成的。从他们的身上我们可以看到这些人的想法总是在不断地变化，最终也未能成就梦想。

尽管尺有所短，寸有所长，每个人的能力也不同，但是，我们要认识到不管我们的人生之路是多么荆棘密布，我们也绝不能容许自己的信心有一点儿动摇。我们要坚信，无论前方的路有多么的艰难，我们也能克服，我们也有坚强的信念去征服。许多人之所以把工作做到一半就偃旗息鼓了，其原因在于他们表现出了沮丧低落的情绪，在于周围的人们因此而对他失去了信心。

美国第30任总统卡尔文·柯立芝说："世界上几乎每个人

都有自己擅长的方面，人们之所以会失败，是因为他的才能没有得以充分地发挥。"

平凡并不等于平庸

平凡并不等于平庸。一个人的工作岗位可以平凡，但工作态度却不能平庸。埋下头去做一个平凡的人，努力从平凡的小事做起。只有牢牢地把握住了今天，才能迎来明天的成就。

平凡的是工作岗位，平庸的是工作态度。无论你从事的工作多么琐碎、多么平凡，都不要看不起它，所有正当合法的工作都是值得尊敬的。只要你诚实地工作，没有人能够贬低你工作的价值，关键在于你是如何看待自己的工作的。

生活中我们经常会看到一些人不停地抱怨自己的工作枯燥、卑微，轻视自己所从事的工作，从而无法全身心地投入到工作当中去。他们在工作中敷衍塞责、得过且过，将大部分心思用在如何摆脱目前的工作环境上，这样的员工在任何地方都不会有成就。

美国独立企业联盟主席杰克·弗雷斯从13岁起就开始在他

父母的加油站工作。弗雷斯想学修车，但他父亲却坚持让他在前台接待顾客。当有汽车开进来时，弗雷斯必须在车子停稳前就站到司机门前，然后去检查油量、蓄电池、传动带、胶皮管和水箱。

弗雷斯注意到，如果他干得好的话，顾客大多还会再来。于是弗雷斯总是多干一些，帮助顾客擦去车身、挡风玻璃和车灯上的污渍。有一段时间，每周都有一位老太太开着她的车来清洗和打蜡。但是，她的车内踏板凹陷得很深，很难打扫，而且这位老太太极难打交道。每次当弗雷斯给她把车清洗好后，她都要再仔细检查一遍，如果发现有一点不干净的地方，就会让弗雷斯重新打扫，直到清除掉每一缕棉绒和灰尘她才满意。

终于有一次，弗雷斯忍无可忍，不愿意再侍候她了。他的父亲告诫他说："孩子，记住，这就是你的工作！不管顾客说什么或做什么，你都要记住做好你的工作，并以应有的礼貌去对待顾客。"

父亲的话让弗雷斯深受震动，以致许多年以后他仍不能忘记。弗雷斯说："正是在加油站的工作使我学到了职业道德和

应该如何对待顾客，这些东西在我以后的职业生涯中起到了非常重要的作用。"

　　无论在什么样的工作岗位上，做什么样的事情，都不能轻视自己的岗位，敷衍糊弄自己的工作。如果能够做好每一件平凡的工作，在平凡的工作岗位上培养出自己爱岗敬业的精神，你就必定能够迈上自己事业的巅峰。

　　当然，人生有许多无奈的时候，比如，面对一些工作，没有选择的余地，不干又不行。在这种情况下，你至少应该还有一样可以选择：是好好干，还是得过且过。

　　外交官任小萍女士说，在她的职业生涯中，每一步都是组织上安排的，自己并没有什么自主权。但在每一个工作岗位上，她都有自己的选择，那就是要比别人做得更好。

　　大学毕业后，她被分到英国大使馆做接线员。在很多人眼里，接线员是一个很没前途的工作，然而任小萍却在这个普通的工作岗位上做出了不平凡的业绩。她把使馆所有工作人员的名字、联系方式、工作范围甚至连他们家属的名字都背得滚瓜烂熟。当有些打电话的人不知道该找谁时，她就会多问，尽量帮他（她）准确地找到要找的人。慢慢地，使馆人员有事外

出时并不告诉他们的翻译，而是给她打电话，告诉她谁会来电话，请转告什么，等等。不久，有很多公事、私事也开始委托她通知，使她成了全面负责的留言点、大秘书。

有一天，大使竟然跑到电话间，微笑地表扬她，这可是一件破天荒的事。结果没过多久，她就因工作出色而被破格调去给英国某大报记者处做翻译。

该报的首席记者是一位很有名的老太太，得过战地勋章，被授过勋爵，但是本事大，脾气也大，甚至把前任翻译给赶跑了。刚开始时也不接受任小萍，看不上她的资历，后来才勉强同意试一试。结果一年后，老太太逢人就炫耀："我的翻译比你的好上十倍。"不久，工作出色的任小萍又被破例调到美国驻华联络处，她把工作干得同样出色，随后即获外交部嘉奖……

任小萍女士的工作态度值得每个职场中人学习，当你在为公司工作时，无论老板安排你在什么工作岗位上，都不要轻视自己的工作。小事情其实正是大事业的开始，既然接受了这个职业，接受了这个工作岗位，就必须接受它的全部，而不仅仅只享受它给你带来的好处和快乐。

那些在工作中推三阻四、总是抱怨工作环境、寻找各种借口为自己开脱的人，对这也不满意、那也不满意的人，往往是职场的被动者，他们即使工作一辈子也不会有成就。因为他们不知道用奋斗来改善工作，而只是一味地等待。

　　平凡的是工作岗位，平庸的是工作态度。在我们无法选择自己的工作时，我们还可以选择自己对待工作的态度。无论在什么情况下，我们都应该像任小萍女士那样，充满热情地投入到自己的工作中，用创意和努力让自己的工作变得卓越而不可替代，在不断积累平凡的基础上，赢得事业的辉煌。

做好工作的准备

没准备的勤奋是效率低下的勤奋，没准备的敬业是不断贬值的敬业，没准备的忠诚是盲目的忠诚，没准备的主动也许就是添乱的主动。

提起准备，每个人都懂得"有备无患""不打无把握之仗"的道理，几乎人人都有因准备而获得，亦因准备而失去的经历。

虽然准备无处不在，又如此攸关成败，奇怪的是人们却普遍忽视它，即使有人认识到了准备的重要性，也很少能对它保持长久的热情。于是，"效率低下，差错不断"就成了较为普遍的现象。

我们可以看到，许多企业都曾经辉煌一时，风光无限，最终却都因漠视准备而只能各领风骚三五年。只有那些能够重视市场调研，具备危机准备意识，能够在生产、市场、资金、人

力等各个方面进行充分准备的企业，才能将竞争对手远远地甩在身后；在企业中也有许多员工，他们整天忙忙碌碌，但因为缺乏准备而经常差错不断，很难把工作做到位。只有那些在工作中，不但积极主动、勤奋敬业，而且懂得准备是执行力的前提、是工作效率的基础的员工，才能成为企业中效率最高的人。

可以说，重视并善于做准备，就能造就一个卓越的员工、一个一流的企业；而忽视准备，只能产生一个无能的员工、一个衰败的企业。准备决定差距。

1997年，史玉柱在资金严重不足的情况下，仓促上马号称当时"中国第一高楼"的巨人大厦，最后造成了中国第一"烂尾楼"。但他痛定思痛，经过三年的精心准备，终于在2000年靠脑白金东山再起，第二年脑白金的销售额就达到了10亿元。对史玉柱来说，真是成也准备，败也准备。

同样一个"准备"，当忽视它的时候，失败来了；当重视它的时候，成功来了。因此说，"每一次差错皆因准备不足，每一项成功皆因准备充分"，就是对准备的最好注解。无论在任何一个领域，这样的例子俯拾即是。

宝洁公司生产的婴儿纸尿布的销售市场遍布世界各地，在德国和中国香港市场一度非常畅销。

　　但好景不长，不久，德国的销售点向总公司汇报：德国的消费者反映，宝洁公司的尿布太薄了，吸水性能不足。而中国香港的销售点却向总公司汇报：香港的消费者反映，宝洁公司的尿布太厚了，简直就是浪费。

　　总公司感到非常奇怪：为什么同样的尿布，会同时出现太薄又太厚两种情况呢？这让公司的管理人员有点摸不着头脑。

　　其实，这是宝洁公司的产品开发人员在设计产品时缺乏应有的准备，对产品销售的不同市场没有经过细致的调研和考察造成的。

　　总公司通过详细的调查后发现，同时反映尿布太薄又太厚的原因，是德国和中国香港的母亲使用婴儿尿布的不同习惯所致。虽然中西方婴儿一天的平均尿量大体相同，但德国人凡事讲究制度化，完全按照规矩行事，德国的母亲也是如此，早上起来的时候给孩子换一块尿布，然后就这么一整天都不去管他，一直到了晚上才会再去换一次。于是，宝洁公司的尿布相对于这样的情况显然是太薄了。可是香港的母亲却把婴儿的舒适当作头等大事，只要尿布湿了就会换上一块新的尿布，一天不知道要换

多少次，所以宝洁公司的尿布在这里就显得太厚了。

　　显然，宝洁公司的产品开发人员并没有考虑到产品市场中不同国家之间的文化差异，在设计新产品的时候没有做好相应的准备工作，结果弄得怨声载道，使宝洁公司蒙受了不少经济损失。

　　产品开发人员只不过在不同地域使用尿布的习惯上忽视了调研，等待他们的就是无情的市场风险。曾经省下的调研成本，现在却要付出十倍、百倍甚至千倍的代价。

　　这就是凡事预则立、不预则废的道理。

　　在职场中，许多员工常因为做事没有准备而错失大好机会。其实，只有准备充分，后面的工作才能真正达到水到渠成的效果。比如销售人员，在每次会见客户前，把所有可能用到的资料准备好，并提前调查清楚对方公司的实际情况以及最新的动态，掌握第一手资料，尽可能了解详细。当一切准备就绪后，再会见客户时，就有了十分的把握。

　　同时，从客户的角度出发提出一些建议，为客户的利益着想，也是准备工作中需要考虑的因素之一，因为客户与企业的利益从某种程度上来说是完全一致的。

　　忙是最容易找到的理由，似乎越忙的员工越能干，越受上司的赏识。但我们往往发现，忙的真正原因，不是因为上司的赏识而承担了更多的责任，而是工作前缺乏准备，在工作时显得没有条理，导致的结果当然是没有效率，甚至事倍功半。

　　准备会占用一部分时间，于是，有的员工以为，只有尽快进入正题，才能越早把事情完成。但实际上，没有准备的工作更浪费时间，而且容易忙中出错，这样的员工是不会受人欢迎的。

　　企业呼唤具有准备意识的员工，当一切准备就绪时，工作中的问题会因为你有所准备，而一个个被解决掉，工作也就不再是一件难事。

踏实工作

成功必须靠务实努力来实现。成功的道路是靠一步一个脚印走出来的，从来没有一蹴而就的成功。

有一个中国人在德国问路："先生，这个地方怎么走？大概什么时候能到？"德国人根本不理他，他就觉得这个人很傲慢。而当自己往前走了二三十米时，德国人突然追上来说："你到那儿大概要12分钟。"这个中国人就问："那你刚才为什么不告诉我？德国人说："因为你问我多长时间到，所以我要看看你走路的速度才能决定。"

这是一个很有意思的讲述普通德国人务实作风的例子。其实，德国人的务实作风不仅体现在日常生活的方方面面，更体现在其工作的整个过程。

在德国企业里，无论是高层的管理者，还是基层的员工，他们都致力于自己的本职工作，兢兢业业、踏踏实实做事。

　　"好"的意义在德国人的字典里比原来的好更加深了一层，他们不仅仅要完成工作，而且在完成工作后要先自行检查，每一个细节都要认真核对，绝不放松。对于德国人来说，90%的完美并不表示完成了工作，他们甚至会为了达到另外10%的完美付出和90%的完美同样多的时间和精力，而这仅是德国人务实作风的冰山一角而已。

　　从深层次探讨，我们发现德国人的务实作风不仅来源于德国企业对员工的严格要求，更来源于员工的高度自觉性，因为员工一旦出现一点儿敷衍塞责和马虎失职，那就只有另谋高就了。可以说，严谨务实是德国人的整体精神所在，他们每一个人都和散漫浮躁格格不入。强烈的实事求是、一丝不苟的工作态度已经渗入德国人的血液里，他们工作起来，就像一架精密运转的仪器，严格冷峻，绝不夸夸其谈。正是凭借这样的务实作风，德国企业才能创造出驰名世界的汽车等众多产品，将日耳曼民族特有的严谨务实的工作态度和思维习惯推向世界。

　　人才是一个企业制胜的法宝，然而让众多中国企业人力资源部门头痛的是，在员工中普遍充斥着一种浮躁的情绪，这不仅影响了工作效率，而且对于整个企业的工作氛围也造成了不良影响，进而造成企业整体效益的下降。所以，教育员工克服

浮躁心态，进入"务实工作状态"，并在这个过程中达到企业和员工的共同成长，这才是解决问题的关键。

而对员工来说，要想成就一番事业，就必须具有求真务实的精神。务实是成就一切伟大事业的前提，现在的很多优秀企业都以务实作为评估人才的一项重要标准。英特尔中国软件实验室总经理王文汉先生说，在英特尔公司里，考虑员工晋升时，从来就不把学历当作一个因素。学历最多只是起到敲门砖的作用，在进入企业之后，员工个人的发展就完全取决于自己的努力。有的硕士生可能不够务实，那么他的工资待遇就会降下来，而一些本科生经过自己的努力，取得了优异的成绩，那么他就会更快得到晋升。

王文汉先生还举了下面这个凭借务实的精神在英特尔实现成功的例子：

英特尔中国软件实验室里有一位软件工程师甚至连大学学历都没有，当初这位工程师就是凭借自己设计的一些软件程序进入英特尔的。最初，他只是被作为一名普通的程序员录用的，但是王文汉不久以后就发现，这位程序员并不普通，他不仅可以高效率、高质量地完成相关的程序设计工作，而且还主动学习高科技软件的研发知识，甚至他还利用休息时间参加了

英特尔内部及各大院校举办的软件开发课堂。一年之后，当英特尔中国软件实验室需要引进高水平的软件工程师时，这位程序员因为业绩扎实、技术水平先进而成为选拔对象，而很多比他先进入公司的、拥有更高学历的程序员们依然在程序员的位置上继续消耗自己的青春。

成功所需要的一切因素都需要靠务实努力来获取：大量有用的知识要靠扎扎实实地学习来获得；克服困难的力量要靠一点一滴的艰苦努力来积淀；同事的协作和上司的支持要靠诚信的品质和实实在在的能力来赢取；转瞬即逝的机遇要靠脚踏实地的艰苦付出来把握。

务实是成就一切事业的前提，如果没有务实的工作态度和工作作风，爱迪生纵然再有聪明的头脑也不过是一个幻想家，而不会成为世界上最伟大的发明大师；如果没有投身于科技事业的奋斗精神，比尔·盖茨即使聪明绝顶，也不会成为领导世界500强的全球首富；如果没有艰苦卓绝的努力练习，达·芬奇即使是天才也不会有诸多伟大作品的问世……

总之，成功必须靠务实努力来实现。成功的道路是靠一步一个脚印走出来的，从来没有一蹴而就的成功。如果没有求真务实的奋斗，没有踏踏实实的努力，即使拥有再多的知识、获得他人再多的帮助、遇到过再好的机会，都不会实现最终的成功。

　　因此，每一个职场人士都应该针对自己，分析现状，找出浮躁的根源，全面充实提升自己，从个人务实发展、务实做事、务实做人几个方面鞭策自己、要求自己，不断努力，才能使自身不断得到发展。

怀有感恩的心

　　当你努力和感恩并没有得到相应的回报，当你准备辞职调换一份工作时，同样也要心怀感激之情。每一份工作、每一个老板都不是尽善尽美的。在辞职前仔细想一想，自己曾经从事过的每一份工作，多少都存在着一些宝贵的经验与资源。失败的沮丧、自我成长的喜悦、严厉的上司、温馨的工作伙伴、值得感谢的客户……

　　这些都是人生中值得学习的经验。如果你每天能带着一颗感恩的心去工作，相信工作时的心情自然是愉快而积极的。

　　感恩节期间，有位先生垂头丧气地来到教堂，坐在牧师面前，对牧师诉苦："都说感恩节要对上帝献上自己的感谢之心，如今我一无所有，失业已经大半年了，工作找了十多次，也没人用我，我没什么可感谢的了！"牧师问他："你真的一无所有吗？这样吧，我给你一张纸、一支笔，你把我问你答的记录下来，好吗？"

牧师问他："你有太太吗？"

他回答："我有太太，她不因我的困苦而离开我，她还爱着我。相比之下，我的愧疚也更深了。"

牧师问他："你有孩子吗？"

他回答："我有孩子，有五个可爱的孩子，虽然我不能让他们吃最好的，受最好的教育，但孩子们很争气。"

牧师问他："你胃口好吗？"

他回答："呵，我的胃口好极了，由于没什么钱，我不能最大限度地满足我的胃口，常常只吃七成饱。"

牧师问他："你睡眠好吗？"

他回答："睡眠？呵呵，我的睡眠棒极了，一碰到枕头就睡熟了。"

牧师问他："你有朋友吗？"

他回答："我有朋友，因为我失业了，他们不时地给予我帮助！而我无法回报他们。"

牧师问他："你的视力如何？"

他回答："我的视力好极了，我能够清晰看见很远地方的物体。"

于是他的纸上就记录下这么六条：（1）我有好太太；（2）我有五个好孩子；（3）我有好胃口；（4）我有好睡眠；（5）我有好朋友；（6）我有好视力。牧师听他读了一遍以上的六条，说："祝贺你！你回去吧，记住要感恩！"

他回到家，默想刚才的对话，照照那久违的镜子："呀，我是多么的凌乱，又是多么的消沉！头发硬得像板刷，衣服也有些脏……"

后来他带着感谢的心，精神也振奋不少，他找到了一份很好的工作。

所以我们应该感恩，如果没有感恩，活着等于死去。要在感恩中活着，感恩于赋予我们生命的父母，感恩于给我们知识的老师，感恩于让我们实现自我价值的社会，感恩于关心、帮助和爱护我们的那些人，感恩于我们的祖国，感恩于大自然……感恩地活着，你才会发觉世界是如此美好。

一次，美国前总统罗斯福家失盗，被偷去了许多东西，一位好友闻讯后，忙写信安慰他，劝他不必太在意。罗斯福给

朋友写了一封回信："亲爱的朋友，谢谢你来信安慰我，我现在很平安。感谢上帝：因为第一，贼偷去的是我的东西，没有伤害我的生命；第二，贼只偷去我部分东西，而不是全部；第三，做贼的是他，而不是我。"对于普通人来说，失盗绝对是不幸的事，而罗斯福却找出了感恩的三条理由。

在现实生活中，我们经常可以见到一些不停埋怨的人，"真不幸，今天的天气怎么这样不好""今天真倒霉，碰见一个乞丐""真惨啊，丢了钱包，自行车又坏了""唉，股票又被套上了"……这个世界对他们来说，永远是不快乐的事情，高兴的事被抛在了脑后，不顺心的事却总挂在嘴边。每时每刻，他们都有许多不开心的事，把自己搞得很烦躁，把别人搞得很不安。

其实，所抱怨的事都是日常生活中经常发生的一些小事，明智的人一笑置之，因为有些事情是不可避免的，有些事情是无力改变的，有些事情是无法预测的。能补救的则需要尽力去挽回，无法转变的只能坦然受之，最重要的是要做好目前应该做的事情。

有些人把太多事情视为理所当然，因此心中毫无感恩之念。既然是当然的，何必感恩？一切都是如此，他们应该有权

利得到的。其实正是因为有这样的心态，这些人才会过得一点儿也不快乐。

有些人说："我讨厌我的生活，我讨厌我生活中的一切，我必须做一点改变。"这些人必须改变的是他们自己不知感恩的态度。如果我们不懂得享受我们已有的，那么我们很难获得更多，即使我们得到我们想要的，我们到时也不会享受到真正的乐趣。

在现实生活中，我们常自认为怎么样才是最好的，但往往会事与愿违，使我们不能平静。我们必须相信：目前我们所拥有的，不论顺境、逆境，都是我们最好的安排。若能如此，我们才能在顺境中感恩，在逆境中依旧心存喜乐。

感恩是一种处世哲学，是生活中的大智慧。人生在世，不可能一帆风顺，种种失败、无奈都需要我们勇敢地面对、豁达地处理。这时，是一味地埋怨生活，从此变得消沉、萎靡不振？还是对生活满怀感恩，跌倒了再爬起来？英国作家萨克雷说："生活就是一面镜子，你笑，它也笑；你哭，它也哭。"感恩不纯粹是一种心理安慰，也不是对现实的逃避，更不是阿Q的精神胜利法。感恩，是一种歌唱生活的方式，它来自对生活的爱与希望。

在水中放进一块小小的明矾，就能沉淀所有的渣滓：如果在的心中培植感恩的思想，则可以沉淀许多的浮躁、不安，消融许多的不幸。只要心怀感恩，我们就会生活得更加美好。

　　感恩是一种积极的心态，同时也是一种随时准备奉献的精神体会，更是一种力量。当你以一种知恩图报的心情去工作时，你会工作得更愉快，也会更有效率！

　　职场中的你可以像海绵一样吸取别人的经验，但你千万不要忘记，职场不是免费的义务补习班，没有人理所当然地教导你如何完成工作。如果你对老板、对同事常怀一颗感恩图报的心，那么，请相信吧，你的工作会更愉快、更顺利！

　　一个员工，除了工作，你是一无所有的，是工作给了你一切——稳定的收入、令人羡慕的职业、体面的生活……因此，对企业的感恩态度是员工职业道德最重要的组成部分。

　　一个企业的员工，可以拥有体面的生活，可以定期去世界各地旅游，享受阳光海滩，可以带着孩子去迪士尼狂欢……如果说这一切都是上帝慷慨的赐予，那么这位万能的上帝就是工作。

　　离开了工作，离开了企业对员工的帮助你将一无所有，是工作给了你一切，你应该并且必须对工作、对企业、对提携你

的主管和关心你的同事抱一种感恩的态度!

但是，很遗憾，职场上的很多人却忽视了这一点!

"这份工作简直糟透了，像待在监狱里一样，上帝啊，解救我吧!"

"我能有这么大的成就，完全是我自己的功劳，和别人一点关系没有!"

"感激公司? 不是开玩笑吧? 我和公司只是简单的雇用关系，凭什么感激他们?"

如果一个员工抱着这样的心态去工作，让嫉妒、不满甚至憎恨始终占据着内心，那么他离被解雇也就不远了。

森恩是一位心理医生，他记得自己刚踏入这个行业的时候，还是个满怀抱负的年轻人。然而两年后，他发生了根本性的改变，昔日的雄心壮志烟消云散，他甚至比前来咨询的患者还要愤世嫉俗。他对现状强烈不满，觉得老板给予他的收入与自己的付出不成比例，他在专业方面的训练并没有得到上级的高度重视，而且自己向上级递交的升职报告一直没有答复。

"再做下去还有什么意思? 从早到晚都在听别人发牢骚，脑袋都快爆炸了，恨不得找个地方躲起来。政府的各种规定更

是火上浇油，比如说，患者究竟要治疗到什么地步，居然是一群外行在制定标准，他们对心理咨询一窍不通，然而我还不得不遵循他们的标准去工作。"

森恩整天和同事发的牢骚，多次飞进了顶头上司的耳朵里。本打算在下半年的集体大会上通报森恩升为副主治医师，然而就是因为森恩的怨天尤人、满腹牢骚的工作态度让上司改变了主意。

当森恩再次得知没有晋升时，他已经变成一名典型的"工作倦怠"者，不仅不喜欢自己的工作，看到自己的上司简直就想咬一口。不久后，森恩选择了自杀，离开了他的病人、他的工作和这个世界。

森恩的满腹牢骚不仅阻碍了自己晋升的道路，就连自己的生命都给搭上了。虽然上述例子比较极端，但有一点是非常肯定的，那就是没有人愿意与抱怨不已的人为伍，职场中，没有人因为脾气坏以及抱怨等消极情绪而获得提拔和奖励。

任何一份工作，任何工作环境，都不是圣经中理想的伊甸园，但在工作的过程中，总是会有很多美好的东西，比如应试成功的喜悦、初次加薪的激动、主管的提携、同事的关心等，

这些都是一个员工走向成熟、走向成功不可缺少的宝贵财富。这些都是你的企业、你的工作给予你的。

永远都需要心怀感激，哪怕是遭受挫折的时候、被主管批评的时候，也应该感激他们的教诲，使自己在以后的工作中不会再犯类似的错误；经历失败的时候，应该感激事业给了你宝贵的经验，并为你将来取得更大的成绩做好了准备；遭到客户拒绝时，要感激客户耐心听完了你的解说，才有了下次合作的机会。

拥有一份工作，就一定要一直持有一份感恩的心情，因为，除了工作，你真的一无所有！

每个员工都要记住，是企业给予了你一个广阔的发展空间，一个展现自己的绚丽舞台，对于企业所做的这一切，你应该心存感激，并力图回报！

感恩是一种积极的心态，同时也是一种随时准备奉献的精神体会，更是一种力量。当你以一种知恩图报的心情去工作时，你会工作得更愉快，也会更有效率！

感恩不是虚假的奉承，而是发自内心的真诚的感激。虚假的奉承只会让别人厌烦，真诚的感激却能为别人和自己带来快乐！

充满感恩的心情是敬业员工的一个重要标志，缺少了这个标志，也称不上是敬业的员工。

快乐工作

在我的工作经历中，我经常会遇到一些朋友和同事问我："你是如何对待自己的工作的，你对工作有什么样的看法和理解？"通常我就会这样回答他们："我认为无论我们从事什么样的工作，我们都应该是快乐和成功的，这就是我在工作中产生的力量。"

事实如此，看看那些比较成功的企业领导者，他们在管理员工的过程中总是在强调一点，那就是每个员工在工作中都要经历一个变化的过程，从一个普通人变成一个不普通的人，如果能做到这一点，那么，他就成功了一半；同时并在这种变的过程中努力增加自立的新特征，从而获取更多的成功机会。

我有一位朋友叫韩娜，她现在北京惠教公司负责市场销售，这份工作原本就是一件具有挑战性的工作，但是，在与她相处的日子里，我从她身上感受到的却是快乐。在她的新书

《为自己奋斗》出版发行的那天，我与她相逢了，于是我问道："你的工作任务非常的重，而且又非常有挑战性，为什么你总是充满欢乐呢？"

你们猜，她是怎么回答的？我想大家一定猜不到。韩娜没有直接回答我的问题，而是给我讲了发生在她身上的一件事。她对我说，在两年前，她进入了一家企业，到了这家企业不久，她发现了一个奇怪的现象，在这家企业里，员工没有任何的快乐可言，那里的办公环境总是死气沉沉的，人生活在那样的环境里，就好像进入了另外的一个世界，给人的感觉是四周没有生气，死水一潭，员工整天没精打采的。面对这样的工作环境，韩娜总是不断地问自己，这是什么原因造成的呢？后来，她慢慢地了解到，原来造成员工之间这种状况的是她们的工作环境是全公司里最脏最累的一个车间，每个到这个车间工作的工人都认为自己很不走运。

出于这点认识，韩娜认为无论面对什么样的环境，都要给人一种快乐，于是她就使自己快乐起来，她给人的感觉就是充满活力和朝气，时不时地向他人打招呼，甚至还不时地哼哼曲

子、吹吹口哨。

"韩娜，你为什么这么快乐呢？"有一天，她的主管终于忍不住，向她问了这么一个问题。

韩娜微笑着说："我为什么不能使自己快乐呢？因为我喜欢和热爱这个工作岗位。"韩娜回答完她主管的问题之后，又开始了她的歌唱："我来自偶然，像一粒尘埃……"

韩娜的这种行为，感染了她身边的员工，他们不久也就快乐起来了，使这个没有任何生机可言的办公环境，变得活跃起来，他们都从工作中享受到了无穷乐趣。

一个月后，韩娜的老板听说这件事，很感动。他把韩娜的言行作为公司的一种企业文化来宣传。他也信心十足地认为，即使韩娜在他的公司里没有得到提拔，也没有比任何其他人多挣一分钱，但是她所得到的却要比其他的同事多得多。她拥有的欢乐、欢欣和愉悦，就是其他的同事所不具有的，何况好心情还有利于健康的心理呢！

所以，只要你从工作中找到乐趣并热爱它，你也会变得快乐起来，感觉工作不再是一件苦差事。看看哪些成功者吧！他们的快乐来自哪里？他们的快乐来自于工作，在他们的心中，

　　他们始终认为他们能在工作中找到乐趣，并能把这种快乐传给别人，与别人共同分享。在他们的工作哲学中，他们始终认为乐观的人生是蓝色的，悲观的人生是灰色的。因此，如果一个能够把员工的欢乐情绪调动起来的组织，它给员工的工作环境始终是一片蓝色的海洋，因为它培养了一批批乐观向上、生命力强的人。他们崇拜自己的职业，尊重自己的选择，并且有一个必然成功的信念！因此，对他们来说，每当接受一个新的工作任务时，他们都会从这个工作中获得快乐，他们不会再把工作当作一种负担、一种压力。

工作的快乐在于心态

工作是我们每天都要面对的事情，一个人的一生中大概有三分之一的时间在工作。工作是为了生存，也是自我价值的体现。在占人生三分之一的工作时间里，我们应该以怎样的心态面对呢？我们就要明白：一个能够自我实现的人应该把兴趣与职业有效融合，做在其中，乐在其中。

无所事事的人生将是悲哀的人生。在公司中，要想成为一个优秀的员工，我们就必须把工作当成一件快乐的事，并且，还应该乐此不疲地把这份愉悦传递给别人，使其他员工愿意与我们交往和合作。这样我们的人生也将因为我们所从事热爱的工作而得到升华。这就是为什么会出现有人抱怨工作太累，有人开始工作不长时间就对工作产生了厌倦，也有人在工作中奋进着、努力着，同时也快乐着的原因。

在这个工作节奏越来越快的日子里，我们打破了原有的生

活规律，甚至也渐渐夺走了生活本身应有的幸福与舒适。

　　我们要在现代社会这样快节奏的工作缝隙中找寻生活固有的快乐，就需要我们在工作与生活之间认真地权衡把握，改变我们旧有的工作观念，因为我们工作毕竟是为了更好地生活。

　　如果我们只是将自己的工作当作一种谋生的手段，当作是混一碗饭吃的差事，那么我们肯定不会去重视它、喜欢它，进而热爱它。但如果我们能够在自己的心灵深处将它看作是一种深化、拓宽我们自身阅历的途径，一种使我们的生存价值能够充分体现的方式的话，那么我们肯定会从心底里重视它、喜欢它、热爱它，从工作本身寻找到许多的乐趣和快乐。因为这样的工作给我们所带来的，已经远远超出了工作本身的内涵。也就是说，工作已经不仅仅是工作，它已经成为我们的一种生存方式，是我们对生活的一种英明选择；它已经成为我们生活的一部分，为我们构筑起丰富而有意义的人生。

　　可是我们的有些工作并没有太多的人可以接触，而只是日复一日、年复一年地重复着同一件事情。任何一件事做多了总会烦的，总有一天你会怎么也喜欢不起来，这时候该怎么办？我想，下面的这个小故事也许对大家会有所帮助。

　　分类！统筹！计算！开票！打包！这种一天要重复几百次

的工作实在让人感到非常的枯燥乏味。对于刚刚进入图书物流公司工作的赵洋来说，他似乎觉得自己的一生都要放在分类—统筹—计算—开票—打包这种图书配送的工作上了。他满腹牢骚，老想着自己干什么不好，偏偏要来做物流配送呢？就算他把这一大堆的图书都打包完了，但是，过一会儿，又有印刷厂把新的图书送到了，然后自己又不得不持续地清点书目，从而又开始新一轮的工作。每当想到这里，赵洋都觉得可怕。

在干同一种工作的杨东海听了赵洋的埋怨，也很郁闷地叹了口气，以表同情。他和赵洋一样，也很讨厌这种工作，并因此对自己的前途感到担忧。

有什么办法呢？难道去找老板说，以自己的能力，做这种简单的体力活简直就是大材小用，因此我希望得到另外一份更好的工作？可以想象得到在物流公司，除了干这样的工作之外，难道会得到一个好的工作吗？那就是做老板，因为其他的员工都在做物流配送的工作，他们的工作还不如自己呢！

要么，干脆就辞职不干，另外再去找一份工作。可是，这是他费了九牛二虎之力才找到的一份工作，他是绝对不能轻易

辞掉的。

　　难道就没有别的办法来改变这种讨厌的工作吗？不，办法总归会有的，关键在于你肯不肯动脑子去思考。

　　当赵洋想到这一点时，他立刻想出一个很聪明的方法，可以使这种单调无味的工作变成一件很有趣味的事——他要把它变成一种游戏。他转过头来对他的同伴说："让我们来比赛吧，杨东海，看我们谁打的包又漂亮又迅速。"

　　杨东海同意了他的建议，于是，他们的比赛马上就开始了。这样一来，果不其然，工作起来并不像以前那么烦闷了，而且工作效率比以前提高了。不久，老板便把他们调去管理物流分公司了。

　　从赵洋的成功来看，在他的工作过程中，并不是咬紧牙关，好像受酷刑一样去从事自己所痛恨的工作，而是把工作变成了一种游戏，使自己做起来饶有兴趣。

　　这是一个很好的克服工作中的枯燥的例子，其秘诀是通过和别人竞争唤起工作的热情。一味地埋怨和厌烦是无法解决问题的，明智的办法就是转换自己的思路，在工作中寻找乐趣。美国伟大的哲人爱默生说："每个人从事自己无限热爱的工作的人，都可以获得成功。"只要你选择与自己志趣相投的职业，你就决不会陷于失败的境地。特别是年轻人，一旦选择了真正感兴趣的职业，工作一定要精力充沛、全力以赴。一份自己想做的工作还会让你如鱼得水，充分发挥你的潜能，迅速成长起来。

工作着，快乐着

一个拥有快乐心情的优秀员工是企业中无可替代的，一个充满微笑和团结气氛的企业是不可战胜的！从今天开始，我们要在工作中，用微笑对待每一位同事，把快乐的情绪传染给我们的团队，这样坚持下去，你会被重用的，因为这个简单的行为就是一个最可爱的员工在日常工作中必须做的。

有一次，当我与张其金聊天时，张其金给我讲了一个故事：

有一天，张其金和东软公关部部长杨吉平聊天，他们谈到了办公室政治斗争。杨吉平感叹地说："有人的地方就有苦恼，我怎么才能快乐起来呢？"

张其金听完杨吉平的感叹，然后反问他："你想真的快乐起来吗？"

杨吉平说："那当然了。"

张其金听到杨吉平的感慨，然后对他说："既然如此，我给你讲个故事吧！"张其金讲到这里，喝了一口茶水说："有一群年轻人到处寻找快乐，却遇到许多烦恼、忧愁和痛苦。有一天，他们向苏格拉底请教：'快乐到底在哪里？'苏格拉底说：'你们还是先帮我造一条船吧！'这群年轻人暂时把寻找快乐的事儿放到一边，找来造船的工具，用了七七四十九天，锯倒了一棵又高又大的树，挖空树心，造出了一条独木船。独木船下水了，他们把苏格拉底请上船，一边合力荡桨，一边齐声唱起歌来。苏格拉底问：'孩子们，你们快乐吗？'他们齐声回答：'快乐极了！'苏格拉底道：'快乐就是这样，它往往在你为着一个明确的目的忙得无暇顾及其他的时候突然来访。'"

张其金接着说："从这个故事来看，工作的终极目标是为了获得快乐与幸福。工作不仅是为了满足生存的需要，同时也是实现个人人生价值的需要，一个人总不能无所事事地终老一生，应该试着将自己的爱好与所从事的工作结合起来，无论做什么，都要乐在其中，而且要真心热爱自己所做的事。

在两年前，国际企业战略网招聘了两名低学历的员工，他们只有初中以下的学历，一个名是司机，另一名就是瘦弱的专门打杂的郭娜。

郭娜的工作是一个不折不扣的蓝领，虽然不很体面，但她喜欢这份工作。每天被高级白领们呼来唤去的，她并不觉得委屈了自己，从早到晚都快跑断腿了，可她的脸上还始终挂着快乐的微笑。

　　也许正是因为她的勤劳和乐观，每个人都快乐地对待周围的人，顺心地工作，大家见面时也不像以前那样冷冰冰地默不作声，而是微笑着打招呼。

　　她的表现引起国际企业战略网的一位高管的好感和亲近："你不过是一个普通的打工者，告诉我，你为什么与所有的人都合作得那么好？"

　　她说："什么原因也没有，我真的就是喜欢国际企业战略网，喜欢这里的工作、环境，尤其是这里的人！如果有朝一日，我也成为高级白领的话，我将会感到万分荣幸。"

　　"你会的。我们国际企业战略网不是有这样一句话吗——爱会创造奇迹的。而且你和我们大家良好的合作关系，已经为你自己打下了坚实的基础，我们每个人都愿帮你实现这个愿望的！"这位高管鼓励她道。

从此以后，这个勤杂工不但在下班后可以和他们学学电脑，而且还在国际企业战略网的领导的帮助下，参加了北大青鸟开设的软件工程师的培训课，最后让大家不可思议的是，她获得了该公司的培训证书！当郭娜满怀感激地对国际企业战略网的那位高管说"谢谢"时，这位高管说："不用谢我，是你自己做到的。你对这个团队的热爱，使你产生了一种不顾一切的激情，它确实能使你战胜一切的！"

　　真正成为国际企业战略网的白领之后，她不但注意和所有同事的合作，而且对自己更加严格要求，凡是对国际企业战略网有利的事情，不管是分内分外，不管是苦是累，她都抢在前头。

　　她常说的一句话就是："我以国际企业战略网为荣，我要通过自己的努力，让国际企业战略网也以我为荣！"

　　是的，她说到也做到了——从2005年打工时起，她一直就为自己的目标努力着、奋斗着，最后获得了成功。

　　由此可以看出，我们每个人都要从工作中找到对自己的信心，充分发挥本身的潜能，创造事业及财富。一个不快乐的工作者是无论如何都会跟这目标南辕北辙的。

　　所以说，当你感到不快乐的时候，你一定要试着去改变自

我。当然，改变自我的第一步就是要学会苦中作乐、知足常乐和自寻其乐。当你在苦恼的时候，能够选择其中一种快乐，那你就能够领会到成功者乐于工作，并且能将这份喜悦传递给他人，使大家不由自主地接近你，乐于与你相处或共事的乐趣。这就是说，人生最有意义的就是工作，与同事相处是一种缘分，与顾客、生意伙伴见面是一种乐趣。当你在乐趣中工作，如愿以偿的时候，就该爱你所选，不轻言变动。如果你掌握了这一积极的法则，如果你将个人兴趣和自己的工作结合在一起，那么，你的工作将不会显得辛苦和单调。兴趣会使你的整个身体充满活力，使你在睡眠时间不到平时一半、工作量增加两三倍的情况下，不会觉得疲劳。

对于国际企业战略网的员工来讲，他们为什么能够做得非常出色，就是因为他们不仅懂技术，还精通业务。"业精于勤荒于嬉"，这是亘古不变的道理。国际企业战略网的员工能够把工作中的每一个流程都了解清楚，并恪尽职守，把它做得最好，这不仅促进了公司的发展，同时也为他们以后的宏伟事业撒下了希望的种子。

视工作为游戏

陈安之曾经说过："不管做什么事，一定要快乐，一定要享受过程。"

把工作视为游戏，工作会其乐无穷。马克·吐温认为，成功的秘诀，是把工作视为消闲。

成功学大师安东尼也是以游戏的心态对待工作，他强调，始终不悖的信念系统具有相乘的效果，即积极的信念能强化积极的信念，例如，我不认为有前途黯淡的职业，除非你不敢承担责任，担心会失败。若想人生充实、快乐地工作，就必须把游戏时的好奇心及活力，带到工作里去。

罗马军队攻陷希腊叙拉古城时，阿吉米德仍专心致志地在工作室研究他的几何学。别人都四处逃散，家人也劝阿吉米德赶快逃走，但被阿吉米德拒绝。阿吉米德又全身心投入到几何学研究中去。

一个罗马士兵把刀子架在他的脖子上，阿基米德连头也没抬，不慌不忙地对罗马士兵说："我的朋友，在你杀我以前，让我先画完这个圆圈吧！"

安东尼·罗宾曾经在《唤醒心中的巨人》一书中非常诚恳地说过："每个人身上都蕴藏着一份特殊的才能。那份才能犹如一位熟睡的巨人，等待着我们去唤醒他……上天不会亏待任何一个人，他给我们每个人以无穷的机会去充分发挥所长……我们每个人身上都藏着可以'立即'支取的能力，借这个能力我们完全可以改变自己的人生，只要下决心改变，那么，长久以来的美梦便可以实现。"

这就是说，人生的诀窍就是经营自己的长处，只有你能经营自己的长处，你才能把自己的能力全部体现出来。

在一次企业论坛会上，有两个企业家坐在一起交换经营心得。其中一个抱怨道："我不能容忍不成才的员工在我公司，虽然现在仍有三个这样的人，但我改天会将他们炒掉。"

另外一个企业家听了之后，于是就问这位企业家："哦，他们怎样不成才呢？"

"你不知道，一个吹毛求疵，整天嫌这嫌那；一个杞人忧

天，总为些莫名其妙的事情担忧；而另一个游手好闲，喜欢在外面瞎逛乱混。"

问话的企业家说："如果你认为他们没有用处的话，那你可不可以让这三个人到我的公司呢，这样也省了你解雇他们的麻烦。"第一个老板高兴地答应了。

半个月之后，这三个人到新公司报到，新老板早已为他们分好了工作：爱吹毛求疵的人负责质量监督；杞人忧天的负责安全保卫；而喜欢闲逛的人则负责出外做宣传、调查。

一段时间过后，这三人在工作上都干出了优秀的业绩，他们所在的公司也因为他们的出色表现而得到了迅速发展。

所以，如果一个人在人生的坐标里站错了位置——用你的短处而不是长处来谋生的话，那是非常可怕的，你可能会在永久的卑微和失意中沉沦。因此，对一技之长保持兴趣相当重要。即使你不怎么高雅入流，也可能是你改变命运的一大财富。

张其金在下海之前，曾经想过开公司，在他看来，开公司是多么好的梦想，多么有前景，多么激动人心。

但是，当他向他的朋友们说出这一想法之后，他的朋友们对他说："你真的想开公司吗？可是，开公司需要很多的钱。"

　　"非得有很多钱吗？"张其金开始这样询问自己，后来，他给了自己一个答案："不。"

　　张其金出生于云南省昭通市的一个农村，他根本没有什么优势可言，但是，他发誓要实践自己的梦想，他要做一个企业家。他觉得，唯有此途，才可以在不太长的时间里，得到他想要的一切：财富、荣誉、地位、家庭，他人的赞誉……

　　他23岁，正值年轻气盛、充满干劲的时候，给人的感觉是有激情、有梦想、有勇气、有精力。他凭着自己一身的才华，开始在信息产业领域闯荡，为联想、用友、东软、海星等企业做战略设计工作。每当他在为他的客户做服务的时候，他都会非常投入地去做。两年之后，他就在信息产业界获得了"中国计算机宏观市场专家"的称号。

　　张其金是不是已经成功了？他取得如此业绩是不是太轻松了？在他的朋友们看来，好像是只要付出艰苦的努力，就能走向成功。在他们看来，这就是天道酬勤的写照！

　　但是，年轻人需要打磨的地方还多着呢！他在IT行业闯荡了五年之后，他才发觉这个行业原来是不适合他，于是他放弃

了自己所从事的IT业，开始转向图书出版业。

在他放弃自己事业的那天，他认为生活也许太容易了，于是他只向公司领取了8000元的资金作为日常的开支，然后他把上千万的资产捐献出去，把账上还有的数百万资金划给不同的股东，然后他带着8000元钱开始外出旅行。

然而，生活给他开了个不小的玩笑。没过多久，8000元就花完了。回到北京后，他才发现生活原来是如此的残酷，为了生活，他不得不去北大燕园打工。

在忍耐了一年后，他又开始了第二次创业。在开业头一两个月的日子里，他还认为公司能够走向成功。但是，当他搬离刚创业的平民区到豪华的办公大楼后不久，股东们抛弃了他，人们选择一位上了年纪的股东出任董事局主席，一位合作者任总经理，他只能出任项目经理，而且办公桌还只能放在一个阴暗的角落里。但他毫无怨言，还是尽职尽责地做着自己应该做的事。但过了不久，股东们开始互相扯皮，两位股东甚至大打出手，他们在争吵的过程中，一位股东说："不合作算了，你再说，我就把电脑从办公室扔出去。"另一位股东也不甘示弱

地说："你再这么嚣张，我放一把火把整个办公楼烧了。"面对这种情况，张其金只好站在一旁观看，因为在他看来，他除了长叹之外，别无他法。

但是，事情还没完，他们的争吵最后演化到其中一位股东竟然携款回家。而这个时候，自认为是董事局主席的人回到了海南，自认为是董事长的人在黄山旅游，自认为是总经理的人去了深圳，整个公司只有张其金坚守着。张其金勇敢地面对生活，勇敢地面对困难，他用行动来感染每一位员工，员工们没有再向公司要一分钱，而是每个人都开始吃方便面。一个礼拜之后，他们有了第一笔收入，大家还是用于公司发展上，中午大家都是同甘共苦的吃方便面，就这样坚持了一个月，在张其金的领导之下，公司有了起色。在此时，三位领导又回到了公司，张其金却做出了决断，让其中两个不称职的股东离开公司，关于他们的投资，由他来担保。最后，财务支配权也由张其金来管理。就这样，张其金渡过了第一个难关。现在每当他看到一位同事的感叹时，他的心还会隐隐作痛。

但是，任何事物都一样，只要有了裂痕，要像从前一样美好那就太难了。没有过多久，一位大股东看到公司已经有了盈利，他算计着他的投入已经能够收回，于是他决定撤资。张其金也认为没有必要与这群人合作，于是毫不犹豫地答应了。最后，所有的股东都得到了应该的回报，但对于张其金来说，他还是一无所有，但他内心非常高兴，他认为，这在他人生之中又多了一段传奇。那时，他32岁。

　　从这些事情来看，我们可以这样说，在很多情况下，一个人的行为和思想是密切相关的，思想支配我们的行为，而行为又影响着我们的思想。有些人觉得自己在某一方面才华横溢，而在另一方面又感到十分自卑，担心这会阻碍自己的前程而郁郁寡欢。实际上这种想法才是前程路途中的阻碍，它会损伤你的信心。缺点和错误是可以通过一定方法改正和补救的。

让工作积极起来

伏尔泰曾说："工作可以阻止三大坏处——无聊、邪恶及欲求。"

对个人而言，健全的发展成就个人的幸福。只寻求工作外的满足，而忽视工作在生命中的重要性，将会限制我们成为快乐而完整的人的机会。

工作是生命的真正精髓所在，最忙碌的人也是最快乐的人。唯有努力而持续地工作，才能精于任何艺术或职业。决不可相信自己是完美的。

一次，黑格尔一边散步，一边思考《逻辑学》一书的论证问题，一只鞋子掉进烂泥里，他没有发觉，竟光着一只脚边走边想，惹得很多人围观。

还有一次，黑格尔思考问题入了迷，竟在同一个地方站了一天一夜。

曾有记者问比尔·盖茨："明天你做什么？星期天你有什么安排吗？"

比尔·盖茨微笑着回答道："工作。"

比尔·盖茨星期天还要继续工作，这是不是让你感到有些意外？

的确，他应该算是个不折不扣的工作狂，他每周工作60~80个小时，已不是什么新鲜事。而在比尔·盖茨年轻的时候，不分昼夜地工作对他来说已经是家常便饭了，他曾经这样回忆："是啊，那时的生活对于我们而言，就是工作，也许有时也看场电影，然后再工作。有时候客户来访，而我们累得要命，当着他们的面就睡着了。"

这个工作狂也影响了他的全体员工，因而在周末工作几乎成为微软人常有的事。

如果你也能像比尔·盖茨那样忘我地工作，那么有谁会说你不可能是下一个比尔·盖茨呢？

比尔·盖茨说："我这一生只敬重两种人，没有第三种。第一种是不辞辛劳的劳动者，他们勤勤恳恳，默默无闻，日复一日，年复一年，在改造自然的过程中，活出了人的尊严。

我非常敬佩那些从事繁重劳动的体力劳动者。我敬佩的第二种人，是那些为了人类能有一个独立的、丰富的精神世界而孜孜求索的人。他们的劳动不是为了一日三餐，而是为了增加生命的养分。稍事劳作就可以满足日常生活的需要，难道就不需要用艰苦而又神圣的劳动，去换取轻松的精神生活和内心自由了吗？我只敬佩这两种人。"

　　不是吗？对于这两种人，人们从来都是十分尊重的，只有那些梦想不劳而获的人才会受到大部分人的排斥。

　　我在下班的路上经常听到有人说："我们老板常常说工作要勤奋，对于我来说，我为什么要勤奋，每个月老板就给了我那么一点工资，我怎么勤奋得起来？"很显然，这个人不肯勤奋工作的理由很简单，那就是老板给的工资低，在他的观点里，给多少钱，做多少事。事实上，只有我们自身创造的价值超越了老板为我们所付的工资时，我们才有可能获得更多的工资；相反，如果只是一味地让老板支付我们足够多的报酬，我们才会主动地去努力工作，那么我们最终只能遭到老板的厌烦而不是提拔。

　　所有的工作没有捷径，只有勤奋苦干，才能走向成功。当我们的勤奋给公司带来了业绩的提升和利润的增长时，可以肯

定，没有一个有良知的老板不会主动给你加薪。在勤奋的过程中，你与老板获得了双赢，如此一来，我们还有什么理由不勤奋工作呢？

雷诺兹说："有一个理念，会遭到虚度岁月的人、无知的人和游手好闲的人的强烈反对，我却不厌其烦地重复它。那就是：你千万不要依靠自己的天赋。如果你有着很高的才华，勤奋会让它绽放无限光彩。如果说你智力平庸、能力一般，勤奋可以弥补全部的不足。如果目标明确，方法得当，勤奋会让你硕果累累。没有勤奋工作，你终将一无所获。"

清末时期，梨园中有"三怪"，他们都是因为勤学苦练成了才：

瞎子双阔亭，自小学戏，后来因疾失明，从此他更加勤奋学习，苦练基本功。他在台下走路时需人搀扶，可是上台演出时寸步不乱，演技超群，终于成为演艺界的名角。

跛子孟鸿寿，幼年身患软骨病，身长腿短，头大脚小，走起路来很不稳当。于是，他暗下决心，勤学苦练，扬长避短，后来一举成为丑角大师。

哑巴王益芬，先天不会说话，平日看父母演戏，一一默记

在心，虽无人教授，但他每天起早贪黑地练功，长年不懈。艺成后，一鸣惊人，成为戏园里有名的武花脸，被戏班子奉为导师。

马克思花了40年心血，撰写了《资本论》。他从计划写作时起，为了避免计算上的错误，就利用别人业余、养病、休息、娱乐得等时间，刻苦钻研数学。为了详细研究材料，他仔细钻研和作过摘要的书达1500多种。写第一卷前两章，他从各种书籍中作摘要就达200处。为了写好英国劳工法的20多页文字，他竟然把英国图书馆里凡是载有英国和苏格兰调查委员会和工厂视察员报告的蓝皮书，都从头到尾读了一遍。在写作过程中，他几乎每天都到图书馆去查阅大量资料，晚上在家里常常工作到深夜。他在出处散步时总要带上笔记本，并且不时地将自己看到的、想到的和他认为有用的东西都记在上面。他还常常在室内踱来踱去，一边走，一边思考，长年累月竟把门窗之间的地毯踩成了一条浅沟，好似穿过草地的一条羊肠小道。

他经过勤奋的学习和研究，终于在逝世前完成了《资本论》第一卷和第二卷、三卷的初稿，为全世界无产阶级和全人类的解放事业做出了最伟大的贡献。

走近那些成功者们，我们会羡慕和钦佩。当问到他们成功的秘诀时，他们回答最多的就是"勤奋"。这个回答最简洁，也最直接。

从多方面来看，这些成功者们之所以能够成功，能创造如此巨额的财富，与他们的辛苦实干是分不开的，他们的每一分收获，都凝聚着他们的努力与汗水，只有勤奋才能创造一切。

卓达集团董事长杨卓舒每天都坚持工作十多个小时，早上8点多起床，巡查、接待、开会，晚上则集中处理文件、制订计划，一直到凌晨3点。有一次，几个媒体的记者联合采访他，晚上11点开始交谈，采访时间持续了3个小时。采访完毕，记者们都已经疲倦得不行，而杨卓舒居然还准备接待另一位客人。

西安海星集团总裁荣海每天的日程是以分秒来安排的，他一年四季没有假期，甚至父亲生病住院，也很难抽出时间到医院陪护。

重庆力帆集团董事长尹明善，从41岁开始到64岁，每天工作十五六个小时。据说他刚刚从医院打完吊针，就连着接待三拨记者，而第二拨记者结束采访时已是晚上7点。

比尔·盖茨说过一句话："要当一个亿万富翁，必须积极地努力，积极地奋斗。富豪从来不拖延，也不会等到有朝一日

再去行动，而是今天就动手去干。他们忙忙碌碌尽其所能干了一天之后，第二天又接着去干，不断地努力，直到成功。"其实我们还可以用另一句话来概括，那就是："今天能做的事，不要拖到明天。"

这句话不仅对我们有很大的启示，而且也在很大程度上展现了富豪们对工作的狂热和执着。在富豪们发财致富的过程中，他们一遇到问题就马上动手去解决。他们从不花费时间去发愁，因为发愁不能解决问题，只会不断地增加忧虑。他们会立刻集中力量去行动，兴致勃勃、干劲十足地去寻找解决问题的办法。

勤奋刻苦一直被视为中华民族的传统美德。当勤奋刻苦的箴言因为熟悉而快要失去震撼力的时候，像以上这些富豪们的创富故事会再次令我们震动。对于任何人来说，创业总是艰辛的。现在那些有成就的名人，他们获得今天的财富远比我们想象的要难；因为财富的关系，他们远比我们承担的要多。勤奋刻苦，已经与这些白手起家的福布斯富豪们终生相随。

敬畏职业

在工作中，我们一定要充分地认识到每一份工作都是庄严的。一个人会不会有大的成就，就看他工作的精神是否饱满，态度是否庄严，是否因工作的普通而懈怠它，是否因自己的技能的欠缺而放弃它。

工作如此，生命的演化、生活和事业的发展也同样如此。当社会不断对个人的知识、能力和经验提出更高层次的要求。新员工应不停地加强并丰富自己的专业知识和职业技能，通过艰苦的训练和不断的努力来强化自己的专业地位，直到能够超越同行。如果一个员工不能做得比别人更好，就不能妄想超越他人，从而也无法形成自己的核心竞争能力，因为这种能力会把他和别人区别开来，使自己在工作中变得不可取代，从而为他的职业生涯打下良好的基础。

这说明了什么呢？这就告诫我们，我们要想了解一个人，

从工作中就可以看出一个人的全部，公司中的好多人总是找不准目标，他们不相信自己，天天懊悔自己的选择，他们认为自己可以从事更体面的工作。这样的工作态度是很可怕的。

那么，我们应该怎样对待自己的工作呢？北大新北高集团董事长苑天舒在《别把工作当儿戏》一书的前言部分曾这样写道："员工的工作原动力是任何企业都十分关注和感到棘手的老问题。如果不从根本上提升员工的工作原动力，任何企业的战略目标和规划都是难以实现的。"那么，如何提升员工的原动力呢？如何调动员工的积极性呢？员工是否能够自动自发地做事，是否能为自己的所作所为承担责任，是那些成就大业的员工和凡事得过且过的员工之间的最根本的区别。苑天舒接着写道："提升员工的工作原动力，核心在于'忠诚'，关键在于'状态'，基础在于'能力'。一个企业能不能发展，最重要的因素是人，即这个企业的员工。"

在大自然中，每种动物都有自己的职责所在，忠心于自己的主人是狗的天职，抓捕老鼠是猫的天职，张网捕虫是蜘蛛的天职，采花酿蜜是蜜蜂的天职。上帝好像给每个物种都做了职责上的安排。人作为万物的主宰、天地精英，同样被造物主赋予了神圣的使命和职责。人生在世，并不是为了吃喝玩乐，而

是为了履行自己的使命和职责。如果你没有完成使命和职责，那就是失职。

在现代欧美人的意识里，工作是一件被上帝所召唤、命令和安排的任务，而努力完成工作，是人类应尽的职责和义务，同时也是对上帝的恩召和感激之举。

在现实生活中，我们为了完成自己的职责和使命，需要充分地认识到自己喜欢做什么和适合做什么。人有时为了感谢造物主对自己的殊遇，每日必须得完成造物主所安排的工作。按照上天的明确昭示，只有敬业劳作而非悠闲享乐方可对得起自己。

这样，虚度年华和鄙视工作便成了万恶之首，而且在原则上乃是罪不可恕的。如果在世间履行我们的职责，就需要对造物主赋予我们的所有能力进行深入的挖掘和培养。正是那些有关敬业、勤奋、忠诚的良知，使得我们毕生履行对人类的职责。

然而，履行神圣的职责，首先需要尊敬、尊崇自己的职业。毕竟一切合法的工作都值得我们尊重。任何人都不能贬低普通员工的价值，问题在于应该正确对待自己的工作。一心只想着高薪，却又不想承担责任的员工，不管是对上司还是对自己，都没有多大价值。

要让自己的信仰与自己的工作联系在一起。在前文我们讲过，如果一个人以一种尊敬、虔诚的心态对待自己的职业，甚至对职业有一种敬畏的态度，我们说他具有敬业精神。但是，如果他的敬畏心态没有上升到视自己职业为天职的高度，那么，他的敬业精神还不够彻底，还没有掌握精髓。天职的观念使自己的职业具有了崇高的神圣感和使命感，也使自己的生命信仰与自己的工作联系在了一起。只有将自己的职业视为自己的生命信仰，那才是掌握了敬业的本质和精髓。

　　没有真正敬业精神的人是不会将眼前的普通工作与自己的人生意义联系起来的，更不会有对工作的敬畏态度，从而也不会对自己的工作产生神圣感和使命感。

　　敬畏职业，就像虔诚的教徒敬畏冥冥之中的神一样——我们世俗的生活，就需要这样的人生态度和生命信仰。

　　敬畏职业，因为工作就是你的天职。

第二章

为谁而工作

坚持下去

一位哲人说过，成与败有时只有一纸之隔，关键在于能否坚持最后五分钟，能否有一个对自己的人生起指引作用的信仰。许多人为什么能够走向失败，就是因为他们没有对人生、对工作有一个正确的信仰，从而导致他们不能够坚持最后五分钟，结果就临阵退却了，放弃了希望。

1904年，德国伟大的哲人马克斯·韦伯到美国考察，他发现美国的经济繁荣昌盛，各行各业蓬勃发展。韦伯在考察其原因时指出，正是美国的文化和宗教事业的发展，在极大程度上推动了美国经济的发展。韦伯发现，所有事业的背后，必然存在着一种无形的精神力量。从欧洲逃到美国的新教徒们，崇尚新教义，这是一种进取有为、勤奋敬业的精神力量，有力地推动了美国经济的快速发展。

韦伯指出，在新教中，职业概念的咨询已经与过去大不相

同，它代表了一种终生的义务，一种确定的工作领域，也包含了
人们对它的肯定评价，甚至包含着一种宗教因素。在新教看来，
上帝已经为每个人安排了一个职业，人必须各事其业，努力劳
作。职业是上帝向人颁发的如何在尘世生存的命令，并要人以此
方式为上帝的神圣荣耀而工作。人只有恪尽职守、兢兢业业，
才能讨得造物主的欢心，进而实现自己梦寐以求的理想。

爱默生曾经说过，每个人都是天使。

那么，我们如何来理解这句话呢？现在我就给大家讲个故
事来加以说明吧！

牧师在教堂里说，每个人都是从天而降的天使，活在世界
上的每个人都要利用上帝给予的独特恩赐，去发挥自己最大的
潜能。当即就有人指着自己的塌鼻子反问道，难道天使也有塌
鼻子吗？另外一位可爱的女士也附和道，我的短腿也不会是上
帝的创造吧！

这位牧师微笑着回答说："上帝的创造是完美的，你们
也确实是从天而降的天使，只不过……"他指着塌鼻子的先生
说："你从天而降，但让鼻子先着地了。"他又指了指短腿的
女士："你从天而降时，忘记打开降落伞了！"

的确，每个人都是天使，我们不要因为在降落过程的失误而忘记了旅程的目标是传播爱和快乐。上帝为每一个人关掉一扇门的时候，总是会打开另一扇门。

　　这正如马林先生在《再努力一点》这本书中所指出的一样：人只有努力地工作，才能确证自己的人生价值。毕竟实现人生价值是我们渴望成功的基础，这就像一位哲人所说，有什么样的决定，就会造成什么样的命运，而主宰我们做出不同决定的关键因素就是个人的价值观。一个人要想成为社会上的领导人物，他就必须清楚知道自己的价值观，同时确实按照这个价值观过一生。社会阶层的各类精英人士，不管是职业人士、企业家或是教育家，在他们的专业领域能有杰出成就，全是因为能够发扬所持的价值观才做到的。

　　如果我们不知道自己人生中什么是最重要的——什么价值是我们确实应该坚持的——那么怎么会知道该建立什么样的成功基础？又怎能知道该做出何种有效的决定？

　　相信你一定曾经碰过棘手的情况，迟迟下不了决定，这其中的原因乃是你不清楚在这种情况下，什么是最重要的价值。由此我们必须记住，一切的决定都根植于清楚的价值观。

　　归根结底，我们的工作也就是在为实现自己的价值观而奋

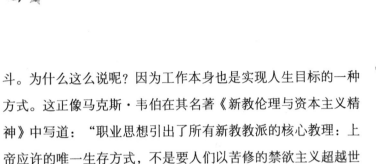

斗。为什么这么说呢？因为工作本身也是实现人生目标的一种方式。这正像马克斯·韦伯在其名著《新教伦理与资本主义精神》中写道："职业思想引出了所有新教教派的核心教理：上帝应许的唯一生存方式，不是要人们以苦修的禁欲主义超越世俗道德，而是要人完成个人在现实世界里所处地位赋予他的责任和义务。这就是人的天职。"

然而，在我们的工作与生活中，经常会听到这样的说法，"我不过是在为老板打工"，或者，"差不多就行了，是公司的事，又不是我自己的事情"，这些说法让我们觉得自己是在为别人卖命，或者是在向老板出卖劳力。为什么不换一种说法呢？比如说"老板给了我一份工作"，或者，"老板给了我一次锻炼的机会"，这样的说法，本质上说的是同一件事情，可会让我们觉得，我们是在为自己的前途而工作，而不仅仅是在为老板打工。

现在，有很多热衷于跳槽的年轻人，他们甚至认为跳得多、跳得快是一种本事。"反正都是打工的，到哪里还不都是打工挣钱，挣钱吃饭"，这是他们说得最多的一句话。他们始终意识不到，工作并不是纯粹地为老板工作，在很大程度上是为自己工作，为身处的这个社会工作。公司有了收益，他们也

有了收益；公司有了荣誉，他们也有了荣誉；公司有了进步，他们的个人价值也就相应在提高。他们始终不能把自己视作公司的一员，而是把自己视为一个局外人，在工作中没有激情，没有快乐，有的只是被动的应付、满腹的不平。这样的人，他们的结局都不会很好，在不快乐中工作了很多年，到最后还是过着并不富裕的生活，甚至是穷困潦倒的生活。即使他们意外地能做出一点成绩来，也品尝不到成绩所带来的快乐，更谈不上什么成就感和自豪感，因为他们会认为"那都是别人的"，或者，"那都是为别人创造的"。

有一个年轻人最初自己做老板，后来企业因经营不善而倒闭，但他一直没有放弃再做老板的想法。为了糊口，他应聘到一家工程公司工作。公司老板很器重他，把最重要的工程项目交给他主管，同时公司也给了他很高的待遇和应有的荣誉。但是，他始终感受不到工作的快乐，觉得上班就如同坐牢。只有在每天下班后，他才会感觉到自由，感觉到自己的存在，开始做自己的老板梦。

在工作中，他也很努力，但绝对不是主动努力，而是迫于老板的压力，迫于丢失饭碗的危险。终于，他的"努力"有了

回报——他设计、组织完成的一项工程，拿到了国际大奖！

　　然而，就在拿到大奖的那天，他却自杀了。从遗书中，人们可以了解到他自杀的原因："我最大的理想是做一位成功的老板，而不是做一名成功的打工仔，在打工仔岗位上做得越成功，就意味着我在做老板方面越失败。今天，我作为打工仔得到了国际大奖，但这不是对我的鼓励，而是对我的巨大打击，我承受不了这份打击……"

　　实际上，无论你在生活中处于什么样的位置，无论你从事什么样的职业，你都不该把自己当成一个打工仔。生活中那些成功的人从不这样想，他们往往把整个企业当作自己的事业。

　　一旦你有了这样的想法，在工作中你就能比别人得到更多的乐趣和收益。你会早来晚走，加班加点，你生产出的产品会比别人更优秀。此时，你的老板会将你所做的努力看在眼里，把你和别人区别对待。当加薪和晋升的机会来临时，他首先考虑的肯定是你。

　　优秀的员工是不会有"我不过是在为老板工作"这种想法的，他们会把工作看成是一个实现理想与抱负的平台，他们在内心里已经把自己的工作和公司的发展融为一体了。从某种意义上说，他们和老板的关系更像是同一个战壕里的战友，而不仅仅是一种上下级的关系。对于优秀的员工来说，无论他们从事什么样的工作，他们已经是公司的老板了，因为在他们的眼中，他们是在为自己工作。

英特尔总裁安迪·格鲁夫应邀为加州大学的伯克利分校毕业生发表演讲的时候，曾提出这样的建议："不管你在哪里工作，都别把自己当成员工，应该把公司当作自己的。职业生涯除了你自己之外，全天下没有人可以掌控，这是你自己的事业。你每天都必须和好几百万人竞争，不断提升自己的价值，增进自己的竞争优势以及学习新知识和适应新环境，并且从转换工作以及产业当中虚心求教，学得新的事物，这样你才能够更上一层楼以及掌握新的技巧，才不会成为本年度失业统计数据里头的一分子，而且千万要记住：从星期一开始就要启动这样的程序。"

那么，处于职场竞争中的你应该怎么做，才能够塑造出这样的生活状态呢？那就是把自己当作公司的老板，对自己的所作所为负起责任，并且持续不断地寻找解决问题的方法，自然而然的，你的表现便能达到崭新的境界。挑战自己，为了成功全力以赴，勇敢承担起失败的责任。不管薪水是谁发的，最后

分析起来，其实你的老板就是你自己。

以下是对即将踏上工作岗位的年轻人的三条忠告：

1.全心全意地投入到你的工作岗位

自己的工作士气要自己去保持，不要指望公司或是任何人会在后面为你加油打气。为你自己的能源宝库注入充沛的活力，全心全意投入工作，始终保持旺盛的经历，并且去享受工作带来的挑战和乐趣。

2.把自己视为合伙人

培养与同事之间的合作关系，以公司的成败为己任，像对待自己的产业那样对待自己的公司，这是一个年轻人在事业上取得成功的重要条件。

3.迎接变革的需求

企业需要的是高性能的员工，我们必须持续不断地自我提高，否则根本不可能在自己的专业领域中保持优势地位。你只有两种选择：第一是终生学习并立于不败之地；第二则是成为老古董，被时代所淘汰。

树立为自己工作的信念，使自己在工作岗位上发光发亮，培养出自己的企业家的精神，为事业创造出一番新的局面。

工作是你事业成功的基石

工作是创造事业的基石，是发展人格的要素。在未来的资产中，知识和能力的价值将远远超过现在所积累的货币资产。当你从一个新手、一个无知的员工成长为一个熟练的、高效的管理者时，你实际上已经是大有收获了。你可以在其他公司甚至自己独立创业时，充分发挥这些才能，从而获得更高的报酬。

在工作的过程中，谁都难免会遇到困难，对于自己创业的人来说更是如此。但是，害怕和退缩都不是解决问题的办法，只有迎难而上，积极寻求办法解决困难才是最正确的选择。要知道，在力所能及的情况下，积极主动、尽最大的努力去完成任务是锻造个人能力的现实条件。

所以，作为员工，你的工作必须尽快见效。不管你接受什么任务、选择什么工作，要想打破平庸、实现自我超越，就必须主动出击，积极进取，圆满地完成每项任务，高效优质地做

好每项工作。这一点，西点学员做到了，他们从不敷衍了事，在他们看来没有什么比圆满地完成一项工作更加令人心神愉快和满足的了。

其实，即使你有很强的能力，有很好的天赋，但是如果自己不能主动追求，永远只是甘于平庸的生活，那么你无论如何都不可能发挥出自己的优势和特长，都不能展现出自己的价值所在，更不能取得进步，获得成功。

也许现在你应该知道了，为什么很多工作能力很强、自身素质也很高的人无论如何都得不到老板的重用和赏识。因为他们总是觉得自己很聪明，有很强的工作能力，认为老板能够看到他们的能力和表现，等待老板指派一些高难度的工作给自己。而如果老板不给自己安排工作，就在哪里守着自己的骄傲得过且过。这样的员工被埋没无可厚非，而且不值得同情。

也许你没有机会受到西点学员那般严格的训练，没有机会真正体验西点学员的学习过程，但是，你可以像西点学员一样严格要求自己，在工作中恪尽职守、认认真真、积极进取、自动自发。不要处事马马虎虎，工作马马虎虎，这样终究会养成工作懈怠的习惯。长此以往，你就失去了坚定的意志，就不会想着突破平庸，改变现状，就会缺少精益求精的精神，最终迎

接你的只能是失败。

　　没有什么可以阻挡你，只要你有壮志和雄心，全力以赴、精益求精，你的一生都会非同凡响。平庸和优异，一般和最好之间存在着很大的差别。但只要你能培养起主动工作的习惯以及突破平庸的精神，对自己所做的事业精益求精、持之以恒，就一定能够磨炼出非凡的才华，激发出潜在的高贵品质，你就能在进取的路上越走越顺，进而让自己的人生得到升华。

　　年轻人，虽然走向成功的路并不平坦，但是你要知道，没有一个老板不喜欢自动自发、善解人意的员工，只要你能主动积极做好自己的工作，甚至比自己的分内的事再多做一点儿，比老板的期待再高一点儿，不断地超越自己，超越平庸，你就可以吸引你老板的注意，赢得老板的器重，晋升和加薪也就指日可待了。

　　在某种程度上，了解一个人的工作态度，也就相当于了解了这个人；同样的道理，了解一个人的工作成就，同时也相应地把握了这个人的内在价值，换角度而言，人在忙于工作的时候，一切痛苦都会忘记，一切罪的引诱都无法侵入。

　　有人曾形象地比喻：个人的终身职业就是他的雕像，是丑恶还是美丽，可憎还是可爱，都是由他一手所创造的。

任何一份正当、合法的工作都是高尚的，每一个认真对待工作的员工，都是值得尊敬的，关键是你如何摆正对工作的心态。

在20世纪70年代的时候，美国麦当劳总公司非常想进入中国台湾市场。在麦当劳正式打算进入台湾市场之前，他们需要在当地先培训一批高级管理人员，于是麦当劳公司就在台湾进行公开的招聘。由于招聘的标准非常高，许多初出茅庐的青年企业家都未能通过。

经过一再筛选，一位名叫韩定国的某公司经理脱颖而出。最后一轮面试前，麦当劳的总裁和韩定国夫妇俩连续谈了三次，并且问了他一个出人意料的问题："如果我们让你去洗厕所，你会愿意去做吗？"

还没有等韩定国开口，坐在一旁的韩太太不经意地脱口而出："我们家的厕所都是他洗的。"

韩太太的话刚一落下，麦当劳公司的总裁大喜，于是就免去了韩定国最后的面试，当场拍板录用了他。

后来韩定国才知道，麦当劳训练员工的第一堂课就是从洗厕所开始的，因为服务业的基本论是"非以役人，乃役于人"，只有先从卑微的工作开始做起，才有可能了解"以家为尊"的道理。韩定国后来之所以能成为知名的企业家，就是因为一开始就能从卑微小事做起，干别人不愿干的事情。

一个人要获得成功，无论身处什么样的行业，都要坚信自己所从事的任何一项工作都是应该做的，任何一份工作都是值得尊崇的。如果你轻视自己的工作，那么，别人也必然会因此而轻视你的德行及你粗劣的工作成绩。所以，一个轻视自己的工作的人，不但在别人眼里没有任何价值，对他本人来讲也一样没有价值。

没有任何工作是不值得我们去做的，无论你做什么工作，无论你面对的工作环境是松散还是严格，你都应该认真工作，不要老板一转身就开始偷闲，没有监督就没有工作。你只有在工作中锻炼自己的能力，使自己不断提高，加薪升职的事才能落到你头上。反之，如果你做事得过且过，不认真工作，那你就会被老板毫不犹豫地排斥。

杨柳刚从云南来到北京时，想在文化公司找工作，但是由于人生地不熟，再加上经验不足，找了一段时间后毫无结果。最后，迫于无奈，她只好在一家酒店当服务员。

但是，杨柳并不气馁，她工作相当尽责，总是带着微笑服务。几个月后，一位经常光顾的客人问她："我觉得你应该不

会一直做女服务吧！你还打算做些什么事情呢？"

她说："我想做编辑方面的工作，所以，我晚上上班，白天出去找工作。"

恰巧，这位客人是个著名的出版商，正在招聘一位聪明能干的助理。于是，他安排杨柳面试，杨柳最后获得了这份工作。

杨柳实践了"把工作做到最好"的原则。她认为，女服务员的工作不仅不是她前进的绊脚石，而且是个晋升的台阶，只不过没料到这一步实现得这么快。

工作使我们的能力得到提高，工作可以让我们的生活有经济保障，可以让我们的日子因为忙碌而充实，工作中我们认识了很多朋友，拓展了交际范围……这些都是我们从工作中获得的实在利益，从这个角度来看，我们还认为没有任何工作不值得去做吗？

如果一定要认为我们在工作中所产生的负面影响是在受气，是在为老板工作的话，那你只能每天生活在对工作的抱怨中，薪水不够高，福利不够好，永远是你斤斤计较的事情；快乐为自己工作的心态通常都离你很远，这样工作时间长了，你会未老先衰。

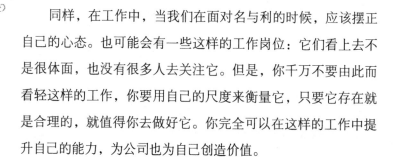

同样，在工作中，当我们在面对名与利的时候，应该摆正自己的心态。也可能会有一些这样的工作岗位：它们看上去不是很体面，也没有很多人去关注它。但是，你千万不要由此而看轻这样的工作，你要用自己的尺度来衡量它，只要它存在就是合理的，就值得你去做好它。你完全可以在这样的工作中提升自己的能力，为公司也为自己创造价值。

工作的意义

你在这个世界上将选择什么样的工作？今后如何对待工作？从根本上说，这不是一个关于做什么事和得到多少报酬的问题，而是一个关于生命意义的问题。

一位心理学家在一项研究中，为了实地了解人们对于同一个工作在心理上所反映出来的个体差异，来到一所正在建筑中的大教堂，对现场忙碌的敲石工人进行访问。

心理学家问他遇到的第一位工人："请问您在做什么？"

工人没好气地回答："在做什么？你没看到吗？我正在用这个重得要命的铁锤，来敲碎这些该死的石头。而这些石头又特别的硬，害得我的手酸麻不已，这真不是人干的工作。"

心理学家又找到第二位工人："请问您在做什么？"

第二位工人无奈地答道："为了每天50美元的工资，我才会做这件工作，若不是为了一家人的温饱，谁愿意干这份敲石头的粗活儿？"

心理学家问第三位工人："请问您在做什么？"

第三位工人眼光中闪烁着喜悦的神采："我正参与兴建这座雄伟华丽的大教堂。落成之后，这里可以容纳许多人来做礼拜。虽然敲石头的工作并不轻松，但当我想到，将来会有无数的人来到这儿，在这里接受上帝的爱，心中就会激动不已，也就不感到劳累了。"

同样的工作，同样的环境，却有如此截然不同的感受。

第一种工人，是完全无可救药的人。可以设想，在不久的将来，他可能不会得到任何工作的眷顾，甚至可能成为生活的弃儿，完全丧失生命的尊严。

第二种工人，是没有责任感和荣誉感的人。对他们抱有任何指望肯定是徒劳的，他们抱着为薪水而工作的态度，为了工作而工作。他们不是企业可信赖、可委以重任的员工，必定得不到升迁和加薪的机会，也很难赢得社会的尊重。

美国心理学家亚伯拉罕·马斯洛提出了"需要的五个层次理论"：

（1）生存的需要：对于食物和衣物的需要，以抵御饥饿

和寒冷。

（2）安全的需要：对居住在一个可以感到安全的地方的需要。

（3）社交的需要：与他人分享兴趣、爱好和交友的需要。

（4）获得尊重的需要：要求别人赞扬和认可的需要。

（5）充分发挥能力、自我实现的需要：自我实现与充分发挥自身潜能的需要。

心理学家认为，为工作而工作的人，很少有机会获得第4种和第5种人类需要。由于他们的生命需求没有得到最大程度的满足，或多或少地，他们失去了部分的生命乐趣。

该用什么语言赞美第三种工人呢？在他们身上，看不到丝毫抱怨和不耐烦的痕迹，相反，他们是具有高度责任感和创造力的人，他们充分享受着工作的乐趣和荣誉，同时，因为他们的努力工作，工作也带给了他们足够的尊严，和实现自我的满足感。他们真正体味到了工作的乐趣、生命的乐趣，他们才是最优秀的员工，才是社会最需要的人。

工作是什么？翻开西方各国的权威字典，我们可以发现，他们的解释几乎如出一辙：工作是上帝安排的任务；工作是上天赋予的使命。这种解释虽然带有太多的宗教色彩，然而，他

们却传达出了一个共同的思想：没有机会工作或不能从工作中享受到乐趣的人，就是违背上帝意愿的人，他们不能完整地享受到生命的乐趣。

工作就是付出努力，以达到某种目的。如果我们的工作能够引导我们逐步接近那种能充分表现我们才能和性格的境况，这样的工作应该就是最令人满意的工作了。人生只有一次！正是为了获得某些东西或成就自我，为了拓宽、加深、提高上天赋予的技能，将身心全面发展成为一个匀称、和谐和美丽的人，我们才会专注于一个方向，并在那个方面付出毕生心血。

工作是一个施展自己能力的舞台。我们寒窗苦读来的知识，我们的应变力，我们的决断力，我们的适应力以及我们的协调能力都将在这样的一个舞台上得到展示。除了工作，没有哪项活动能提供如此高度的充实感、表达自我的机会、个人使命感以及一种活着的理由。工作的质量往往决定生活的质量。

一个人所做的工作是他人生态度的表现，一生的职业，就是他志向的表示、理想的所在。所以，了解一个人的工作态度，在某种程度上就是了解了那个人。

因此，美国前教育部部长、著名教育家威廉·贝内特说："工作是我们要用生命去做的事。"

　　或许在过去的岁月里，有的人时常怀有类似第一种或第二种工人的消极看法，每天常常谩骂、批评、抱怨、四处发牢骚，对自己的工作没有丝毫激情，在生活的无奈和无尽的抱怨中平凡地生活着。

　　不论您过去对工作的态度究竟如何，都并不重要，毕竟那是已经过去的了，重要的是，从现在开始，您未来的态度将如何？

　　让我们像第三种工人那样，为拥有一个工作机会而心怀感激，为生命的尊严和人生的幸福而努力工作。

生命的价值在于工作

《榜样的力量》中写道："只要我们渴求自己成为一个领导，在不久的将来，我们就是一个成功者。如果我们成为领导，就要给任何人，包括我们的亲人，树立起一种信任，忠诚于自己的领导，做对社会具有责任感的好员工。如果我们这样做了，我们就能够快乐地工作。"

一个人在选择职业时，最需要明白的是：快乐就是最好的奖励。我们在工作中不要为现阶段的工资待遇、人际环境、老板的做事风格、组织氛围而跳槽，一切要为了职业生涯而考虑。

职业测评家费特利说："成功是一种努力的累积，不论何种行业，想攀上顶峰，通常都需要漫长时间的努力和精心的规划。"即使现在的工作已经相对满意，但下一个成长台阶如果没有了，个人能力相对饱和后，你只能不断地换工作。

我们经常会发现，那些被认为一夜成名的员工，其实在功

成名就之前，早已默默无闻地努力了很长一段时间。所以说，一个人在参加工作之初，最好对自己的职业生涯进行一下小小的规划，要跟自己的兴趣，所学的专业相结合。从职业属性、职业技能机构和职业经验价值等多方位确定个人核心竞争力。有了明确的职业生涯规划才能在职业发展的各个阶段保持冷静、正确的抉择，工作起来才能不断地发现其中的乐趣所在。

　　我们的生命，就像是一个火柴盒，里面装有许多火柴。每当我们点燃一根，虽然盒子里减少了一根，但也发出了光和热。善用火柴的人，能点燃起一支灿烂的烛光，一堆熊熊的烈火；不善用火柴的人，盲目或过早地划尽了火柴，结果白白浪费；那些最不懂使用的人，则使火柴浸湿、损耗，点不出一丝火星。生命的职业就是让人像火柴盒里的火柴能够运用自己的潜质燃烧起熊熊大火，点燃自己，照亮别人。生命因职业而具有意义，如果人不能尽职业责任，就等于没有使火柴点燃起熊熊大火。一个具有生命的物体，只有孜孜不倦地尽自己的天职，才能使生命真正富有意义，才能使生命变得有力和崇高。

　　因此，当一个人年老垂暮的时候，令他欣慰的，除了膝下的子孙，主要是他几十年职业生涯的劳动成果。

　　我们被赐予鲜活生动的生命，同时也赐予与生命相随相伴的义务和职责。世间有生命的万物，都被赋予了各自生命的职责。从田野里的草丛，到天空中的雄鹰，自然万物所以会有丰富绚丽的色彩和美妙绝伦的秩序，就是因为这些事物总在按照各自生命的规律而存在。

以小草为例，为了在所在的地方自然生长，草就必须竭尽全力，从它伸到最远的毛根末梢汲取营养。它并不徒然妄想，指望成为一棵橡树，它只是尽自己的生命本分。于是，大地就得到了一方可爱的绿色地毯。同样，在人类社会中，诸事有序，风调雨顺，也正是由于人们天天都在履行自己琐细的职责，都在使自己的生命能够更加充实，更加丰满完善。

你在为谁工作

在工作中，不管做任何事，都应该把它当作学习和个人成长的一部分，将每一件任务都作为一个新的开始，一段新的体验，一扇通往成功的机会之门。无论从事什么职业，无论身处什么行业，搞清楚"我们为谁工作"这个问题，那你就会永远站在成功的门口。

一个人只有爱上自己的工作，才能成功，那些对工作不热爱的人，是很难获得成功的。美国著名的成功学大师拿破仑·希尔曾这样评价："要想获得这个世界上的最大奖赏，你必须拥有过去最伟大的开拓者所拥有的将梦想转化为全部有价值的献身精神，以此来发展和销售自己的才能。"

当人们对自己的工作并不真正感兴趣的时候，他们会变得野心勃勃。野心是一种伪装的动机，它假装有热情在其中。一些人喜欢控制别人，便是因为他们没有做自己最感兴趣的事，所以试着找些替代品来自我满足。你可以轻易地分出野心与热情的区别，只要你询问一个人这份工作没有金钱的回报他还做不做就可以了。如果人们对一项工作有热情自然会全力以赴，不管是否有回报。

黑格尔说："没有热情，世界上没有一件伟大的事能完成。"这的确不假，热情可以激发创意，迸射智慧；热情可以促使人们产生对成功的强烈期望，并孕育无数的创意。也就是说，只要我们拥有了热情，即使是相当棘手的问题，我们也能想办法解决。

成功者都有一个理由，就是应该热爱自己的工作，工作应该快乐。对于这种想法，热爱工作和快乐工作当然是件好事。但是，工作和游乐是不同的。我们应该把游乐中的"没有责任的快乐"和在工作中产生的"负责的快乐"严格区分开来，因为在工作中根本不可能产生游乐的快乐。在现实中，工作一般都是平实严格的，在这个过程中，如果没有一以贯之的工作热情，就不可能取得让人满意的成果。一切都率性而为，就不可能分享成功的果实，只有"贯彻到底"的决心才会把工作引向成功，成功必然带来喜悦，工作也就自然而然地成了一件快乐的事了。

　　工作的快乐实质上就是不断克服各种各样的障碍的成就感。在这个过程中，人必须时时面对困难的挑战，冥思苦想，思考应对的策略，能否坚持，其关键就在于是否有充分的热情。无论我们的目标是什么，只要我们对工作充满热情，我们就会对自己喜欢的事情全神贯注。我们的热情就会像流水般一样扩散出去。当我们全神贯注在自己的兴趣上时，我们就会忘记周围的一切，沉浸在幻境中。等工作完成时，我们会感到心灵的宁静与安详。当我们专注于工作时，我们就像是在冥想一样，我们会忘了自己是谁，有关我们工作的创意就会四处涌来。这就好像一个推销员，虽然他只有有限的专业技术和不多的专业生产知识，但如果他有感人的热诚，那么比起那些有良好的技术、但缺乏热诚的人来，他的销售额肯定要多得多。

　　在寻找自己的兴趣之前，我们首先需要知道发挥热情的重要性，否则就难以坚持到底。如果不培养自己的能力，我们的生活就会充满挫折感，我们永远也不会感到激动和快乐。那些发挥自己的热情的人是我们所认识的人中最幸福、最完美的人。那些一味地追求金钱和地位的人永远也不可能使自己心平气和，他们是永远无法满足的人。一旦他们实现了目标就会感到空虚，因此他们便努力向更高处爬，去获取更多的金钱。

当然，在我们追求热情的时候，我们其实也就是在追求高效率。这也就是我们经常说的要高效率地工作。那么，我们如何才能真正做到"高效"呢？这其实有三个方面需要注意——顺序、时间和充实。

首先来讲顺序。这里所提到的顺序就是指我们每天都有新的任务，要做的事情堆积如山，在这样的情况下，我们就要把事情进行排序，把最要紧的事尽快筛选出来做完，然后再去做次要的，依次类推，我们就能在自己的脑海中排出工作的先后顺序。

不过，不一定只有重要的工作才必须优先处理；有些事情，虽然并不重要但短期就可以处理好，这种工作也可以优先处理。不管怎样，最要紧的是排好工作顺序，这是有力开展工作的第一步。

其次，就是时间。在排定顺序之后，紧接着要决定的就是工作所需的时间。是两小时，还是三天，抑或一周？是否可以在空余时间处理完某些简单的工作？

在分配好时间之后，就要严格遵守，但无须"严守"，可以根据实际情况更改时段或时间长度。

再次，就是怎么使工作更加充实。在排好顺序，分配好时

间之后，如果做的只是一些杂事，那也意义不大。只有做到给一回三，给五回八，你的工作才会有更大的价值。

要做到以上三个方面，当然需要相当大的热忱，而且，还要贯彻到底，有这样的热忱，才可能排好顺序，有效地分配时间，获取充实的业绩。

所以，我们想要对什么事热心，就要学习更多目前我们尚不热心的事。我们只有对我们所做的事了解越多，我们才越容易培养兴趣。这是帮助我们建立对某种事物热心的重要一环。

生活是自己创造的，爱上你的工作吧，工作不单是为了挣一口饭吃，更重要的是为了提升自己的个人能力，实现自我的人生价值。正如约翰·洛克菲勒所说的："工作是一个能施展自己才华的舞台。我们寒窗苦读得来的知识，我们的应变能力，我们的决断能力，我们的适应能力以及我们的协调能力都能在这样的一个舞台上得到展示。除了工作，没有哪项活动能够提供这么好的充实自我、表达自我的机会。"

工作人的天职

我们为什么工作？这其实是一个不需要作任何回答的问题。为什么这样说呢？因为工作是我们赖以生存和发展的基础。如果我们不去工作，我们就无法保证最基本的生活所需；如果我们不去工作，我们就没有幸福可言；如果我们不去工作，我们就享受不到生活的乐趣；如果我们不去工作，我们就无法获得成功，就达不到自我实现的境界。写到这里，我想大家都知道我所要表达的意思了。用一句话说就是：我们在为自己工作。

赵文和李汉成同在一个车间工作，下班铃声响起，李汉成都会是第一个换下工作服走出厂房的人，而赵文则总是最后一个离开。赵文会十分仔细地做完自己的工作，并且在车间里走一圈，确定没有问题才关上大门离开。

有一天，他们两个在酒吧喝酒，李汉成对赵文说："你让

我们同伴很难堪。"赵文有点不解。"你让老板认为我们不够努力。"李汉成看了看赵文又说："要知道，我们只不过是在为老板打工，不值得这么卖命。"

"是的，我们是在为老板打工，但是我们也在为自己打工。"赵文肯定有力的回答让李汉成有些惊讶。

没过一年，赵文就被升为车间主任，现在已经是公司生产部门的经理了。

一个人有没有成功的机会，不在于他处在什么样的环境，干什么工作，关键在于他用怎样的心态来对待环境、对待工作。这是一个很常见的问题，正是因为它的平常，所以常常被很多人忽视，这就是人们本性中所包含的惰性所致。所以我们在工作中，应该以良知做事，不要让惰性占据了心灵。

在工作中，无论我们做什么，我们都要对自己严格要求，都应该认真工作，我们不能放纵自己，不要老板一转身就开始偷懒，没有人监督就不工作。如果我们不注意这点，在工作中就不会得到锻炼自己能力的机会，我们的能力就不会得到提高，加薪升职的事也不会落到我们的头上，只有对工作勤奋负责，才会有所发展，才能在工作中实现自己的价值。

罗尔在一家贸易公司工作了一年，由于不满意自己的工作，他愤愤地对朋友说："我在公司里的工资最低，老板一点儿也不重视我，如果再这样下去，总有一天我要跟他拍桌子，然后辞职不干。"

"你对公司的所有情况都非常了解吗？"他的朋友问道。

"没有！"

"大丈夫能屈能伸！我建议你先静下心来，认认真真地对待工作，好好地了解现在的公司，把公司的经营技巧、销售方式等具体事务都弄懂了，再走也不迟，这样做岂不是既出了气，又有许多收获吗？"

罗尔听完了朋友的建议，一改往日的散漫习惯，开始认认真真地工作起来，甚至下班后，还留在办公室研究商业文书的写法。

一年之后，那位朋友又遇到了罗尔。

"你现在各方面的知识、能力都提高了，公司的经营技巧、销售方式也都知道了，可以拍桌子不干了吧？"朋友微笑着问道。

"最近半年来，老板对我刮目相看，许多重要的任务都交给我，又升职，又加薪。说实话，现在我已经成为公司的红人了，也不想离开这个公司了。"罗尔满意地说。

听到这话，他的朋友爽朗地笑着说："当初你的老板不重视你，是因为你工作不认真，又不肯努力学习；后来你痛下苦功，担当的任务多了，能力也加强了，他当然会对你刮目相看。"

有许多人和罗尔一样，都是为了薪水，为了老板而工作，却没有意识到，为他人工作的同时，也是在为自己工作。一个人所做的工作是他人生态度的表现，一生的职业，就是他展示理想的所在。所以，了解一个人的工作态度，在某种程度上就是了解他本人。

明白这一点很重要，因为它有助于人们解除困惑，调整心态，重新燃起工作激情，使人生从平庸走向杰出。

其实，在工作中，我们应该有一种空杯的心态，也就是说，不管做任何事，我们都要调整自己的心态，让自己能够回归于零。在这里我们所说的回归于零就是要把自己放空，抱着学习的态度，将每一次任务都视为一个新的开始，一段新的体验，一扇通往成功的机会之门。在工作中，我们千万不要犹豫不决，做什么事都心不甘情不愿，如果我们这样下去，于公于

私都没有好处。

　　除了工作，没有哪项活动能提供这种充实自我、表达自我的机会，因此，工作不仅是为了他人，更是为了我们自己。

　　当然，你也可以认为我这样说其实太武断了，因为在你心里，你认为你的工作是在为公司、为老板、为同事、为亲人、为朋友工作，甚至你也可以说是你在为祖国、为人民、为全人类工作；你还可以说你是在为面包、为财富、为健康、为幸福、为快乐、为成功、为地位、为荣誉，为金钱工作；你还可以说，你在为自我实现工作，但终归到一起，还是你在为自己工作。

　　在很多公司中，许多员工总是表现出让人难以想象的程度，他们认为，公司的一切与他们无关，他们只关心自己的薪水、红利。假设你自己是上司，试想一想自己喜欢雇用哪种员工呢？当你自己正考虑一项困难的决策，或者正在思考着如何避免一份讨厌的差事时反问自己："如果这是我自己的公司，我会如何处理？如果我是上司，我对自己今天所做的工作完全满意吗？"别人对你的看法也许并不重要，真正重要的是你对自己的看法。回顾一天的工作，扪心自问："我是否付出了全部精力和智力？"当自己所采取的行动与自己身为员工时所做

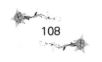

的完全相同的话，薪水和红利又从何谈起。

　　在很多公司中，轻视公司的现象经常发生。他们总是为自己找借口，总是拖延工作，他们认为上司安排的工作如果自己立即付诸行动，就是对自己的虐待。所以在他们的心里时常保持着这样的心理：我们遭受挫折或者不公正待遇才采取消极对抗的态度。不满通常引起牢骚，希望获得别人的同情。这虽是一种正常的心理自卫行为，但却是许多上司心中的痛。哈佛大学商学院曼凯恩教授认为，牢骚和抱怨不仅惹是生非，而且还会造成组织内彼此猜疑，打击团队士气。

　　那么，我们如何才能避免这种情况的出现呢？在国际企业战略网组织召开的企业论坛上，张其金先生的一段演讲正好回答了这个问题。他在演讲中说："在我所领导的企业组织里，我所领导的团队成员绝对不会牢骚满腹，无论谁做任何事情，即使受到批评、指责和误解，他们也会用一种积极乐观的态度来对待。在他们的心里，他们会认为领导的批评是对他们的人格的一种考验，是对他们的工作态度的一种提升，因为他们认为自己的人格的升华就在于自己是否能够容忍别人的指责和批评而不想着去报复。对于这一点，在我所领导的企业组织里，我们都做到了，这也包括我本人，因为每当有员工对我提出批评的时候，我就会检讨我自己，我就会感到我身上是否有些地方需要改进了。"

　　总之，人生的价值就在于工作，如果一个人对工作失去了兴趣，那么，他也就会对自己的生命失去勇气。几天前，我看到的一个人生哲理小故事就正好反映了这一点，我现在把它写出来与大家共同分享。

　　一个人死后，在去阎罗殿的路上，看见一所豪华的宫殿，宫殿的主人热情地邀请他进去参观并留他在那里居住。

　　这个人说："我在人世间辛苦地忙碌了一辈子，再也不想工作了，我现在只想吃和睡。"

　　宫殿主人答道："如果是这样，那么世界上再也没有什么地方比这里更适合你居住了。我这里应有尽有，你想吃什么就吃什么，不会有人来干预你。我这里也有舒适的床铺，你想睡多久就睡多久，不会有人来打扰你，而且我还可以向你保证不让你做任何事情。"

　　于是，这个人就住了下来。

　　刚开始的那些日子，这个人吃了睡，睡了吃，感到非常快乐。但时间不长，他开始觉得有点寂寞和空虚，就径直去见宫

殿主人，抱怨道："这种成天吃了就睡，睡了又吃的日子过久了也挺没有意思，我对这种生活已经提不起一点儿兴趣了。你能否给我一份工作让我做做？"

宫殿的主人答道："很抱歉，我这里从来就不曾有过工作，也不用工作。"

又过了几个月，这个人实在忍无可忍了，又去见宫殿的主人，并且对他说："这种日子我实在无法忍受，如果你不给我安排工作，我宁愿去下地狱，也不想再在这里居住了。"

宫殿的主人轻蔑地笑了笑说："你以为这里是天堂吗？这里就是地狱啊！你还想上天堂吗？"

这个人听宫殿的主人如此说，张大嘴巴半天也说不出话来。

所以，工作是人的天职，只要我们勤奋工作，并认识到工作就是在为自己奋斗，那么，我们就能感受到工作的伟大。

善待你的工作

在我们职业生涯中，无论我们从事什么样的工作，首先要做的是将自己所负责的工作做好，然后再考虑其他问题。我们每天都要给自己一个获得晋升的机会，我们能在平常的范围之外，从事一些对其他人有价值的服务。我们应该了解自己将工作做好的目的并不是为了获得金钱上的报酬，而是为了训练和培养更强烈的进取心。老板所交付的任务能锻炼我们的坚强意志，上司分配给我们的工作能发展我们的出众才能，与同事的合作能培养我们的人格魅力，与客户交流能训练我们的品性。

我们也不要担心自己的努力会被忽视，当我们全心全意地工作时，相信我们的上司已经注意到了。也就是说，无论做什么事，都必须竭尽全力，无私敬业。哪怕是工作中的每一件事都值得我们去做，而且还要专心地去做。

卢浮宫藏有一幅莫奈的油画，画的是女修道院的厨房里的

场面。画面上正在劳动的不是普通的人，而是一群天使。一个正在炉上烧水，一个正在优雅地提起水壶，另外一个穿着厨娘的服饰，一只手去拿餐具。这一系列的人物举止，正是日常生活中最平常的劳作，天使们却做得全神贯注、一丝不苟。她们处处都以主动尽职的态度工作，即使就是烧水这样最为平凡的工作，也能以主动尽职的态度去工作。

如果我们也能做到这一点，即使是从事最平庸的工作也能为个人带来荣耀。

戴尔公司总裁迈克尔·戴尔曾经说过，能够从日复一日的工作中发现机遇是非常重要的，尽管机遇所能带来的短期回报可能很小，甚至微不足道，但是，我们不能把眼光局限在自己得到了什么，而应当看到"我们能够得到这个机遇"本身的价值。

一个人的工作态度折射出他的人生态度，而人生态度决定一个人一生的成就。你的工作，就是你的生命的投影。无论是善恶还是美丑，这一切全都掌握在你的手中。一个悲观者的眼中会经常性地充满沮丧、恐惧与黑暗；而一个天性乐观的人，却是对工作充满热忱的人，无论他眼下是在洗马桶、挖土方，或者是在经营着一家大公司，都会把自己的工作看作是一项神圣的天职，并怀着深切的热忱。生活中不要做没有"驱动力"

的人，只为了工作而工作，为了生活而生活，要对工作充满热忱，将工作看作是一种使命、一种责任，不论遇到多少艰难险阻，都要像希尔顿一样：哪怕是洗一辈子马桶，也要做个最优秀的洗马桶人！

对待工作要有一种发自肺腑的爱，一种对工作的真爱。工作需要热情和行动，不要埋怨生活，也不要抱怨工作，这一切都是你自己选择的，并不是他人强加于你的。你所做的一切都是由你决定的，既然你选择了就得为之付出自己的劳动。

现在的世界"聪明人"实在是太多了。只要一提起工作，大多数人总是认为工作是越少越好，干活越偷懒越轻松。其实，这些"聪明人"想错了。因为在很多时候，我们是可以从工作业绩上来认识自我的。

当然，我在这里所说的工作，并不是狭义的工作，而是广义的，不是仅仅局限于某个方面，而是包含了所有的工作。为什么这么说呢？要想正确地认识自我，一定要正视自己身上有损人格魅力的弱点。一个人格健全的人，应能和现实环境保持良好的接触，对环境能作正确的、客观的观察，并能作快速的、有效的适应。对于生活中的各项问题，能以切实的方法去加以处理，而不是企图逃避。很多人并不是被工作累坏的，而

是被自己这种逃避工作的心态拖垮的。一件简单的事情，如果你不想去做它，那么，不管它是多么轻松，你也会把它当成一种沉重的负担，久而久之，即使你什么事情都不做，你都会觉得累。其结果就是你变得越来越懒散，心情郁闷，四肢乏力，到最后，你甚至会觉得活着本身就是一种负担。

　　一个真正的聪明人是会善待自己的工作的。他们能够正确认识自己的长处，又能容忍自己某些方面的短处。当然每个人都会努力谋求自身的发展，也会希望增进本身的各项品质，使自己趋于更完美的境地。但是，我们每一个人都不是尽善尽美的，也常各有其短处或缺陷，其中有一些可能是无法补救的，或者是只能做有限度的改善。在这种情况之下，能够正确认识自我的人就能泰然接受那种缺陷，而不是以为羞愧。这样他就无须花费气力及精神，在别人面前做掩饰功夫，或采取其他防卫行为，由于他才可能集中全力来发展自己。只有这样，这个人才会让自己忙起来，在忙碌中体会生命的力量和工作的愉悦，忙人才是快活人。他对于自己的工作如此之快乐，以至于没有空闲的工夫来诉说自己是怎样的劳苦，我们也就不会听见他有什么抱怨。喜欢发牢骚的总是那些没有做什么工作，而又喜欢干着急的人。他之所以痛苦并不是因为工作本身，而是由

于自己着急。

美国西北大学的校长沃尔特·司各托说："如果一个人一天做完事下来很有成就感，那么不管这一天的工作有多么辛苦，他的内心都是舒适和满足的。反之，如果一天下来无所事事，没有成就感，即使这一天过得再清闲，他的内心都是焦灼而失望的。要是一个人对工作怀着浓厚的兴趣，觉得战胜工作的困难就是一种快乐，那么，与那些把工作看成一种负担的人相比，不仅不会觉得疲倦，反而要觉得轻松一些。"

你应该比你所能做的还要多做一点。把这种过多的工作作为一种刺激，让自己尽力做所能做的，这样做你就会有一种满足的感觉，觉得你又得到了许多。如果你认为自己工作压力太大，需要处理的事务太多，就会因此急躁不安，把自己的精力完全用在着急上，而不是用在工作上。你完全可以把工作当成一件好玩的事。如果你有足够的工作要做，那么，你是快活的；相反，那些没有事干的人才可怜巴巴。

有时候，如果你的同事性情懒惰，这对于你来说反倒是件好事，因为你可以借此获得多做事的机会。这可以产生一种意想不到的结果。但是有一天，你不要把这种心态拿去与你的上司相比，这是为什么呢？你不要认为上司整天只是打电话、喝

咖啡而已。实际上，他们只要清醒着，头脑中就会思考着公司的行动方向。一天十几个小时的工作时间并不少见，所以不要吝惜自己的私人时间，一到下班时间就率先冲出去的员工是不会得到上司喜欢的，即使你的付出得不到什么回报，也不要斤斤计较。任何工作都存在改进的可能，抢先在上司提出问题之前，已经把答案奉上的行动是最深得上司之心的，因为只有这样的员工才真正能减轻上司的精神负担。你把完整的工作交到上司手上，他就不用再为此占用大脑空间，可以腾出时间来思考别的事情了。

工作就是你的使命

马克斯·韦伯在他的传世之作《新教伦理与资本主义精神》一书中阐述了"新教伦理"所孕育出的资本主义精神是资本主义市场经济的基石。其中，他用了一章专门分析了新教改革时路德的"天职"观念在资本主义发展中的关键性作用。简单地讲，所谓"天职"观念是指完成你在这个世界上的职位所赋予你的义务，是一个人道德行为所能达到的最高形式。一个人可以在任何行业中得到拯救；在短暂的人生历程中，一味计较职业的形式没有任何用处。

在西方，伦理的源泉是宗教，虔诚的宗教信仰为人们的经济行为和经济思想提供了最坚定最丰富的支持。德国货之所以成为优良品的代言辞，是因为德国人主要不是以获得金钱为目的，而是以对宗教般的虔诚来看待自己生产的产品。他做工作并不仅仅是为了谋生，更是为了完成上帝安排的任务。不难想

象这与干活儿只是为了赚钱的观念有多大区别，在工作态度的严谨和认真程度上会有多大的不同，制造出来的产品在品质上又会有多大的差距。

如果没有虔诚的信仰，就有理由敷衍我们的工作吗？是什么让我们战胜人性的懒惰和自私，超越一己得失，力图把属于自己的工作做到完美？答案是内心的使命感。

使命乃是指所要奉行的命令，所要担当的任务；使命感是促使我们采取行动，实现理想的心理状态。工作就是一种天职，人在现实中的职业和工作，就是一种天职，你要有这样的信念。当你视工作为你生命中必须完成的重要使命时，你就会更容易认同你所从事的职业，并且长久地保持工作热情。马斯洛说，音乐家作曲，画家作画，诗人写诗，只有如此方能心安理得。

工作就是你的使命！让我们在内心建构起神圣的使命感吧！听从它的召唤，把所从事的工作做到最好！

美国著名的电视新闻节目主持人沃尔特·克朗凯特在很小的时候就对新闻产生了浓厚的兴趣。14岁时，他加入了学校自办报纸——《校园新闻》的编辑部，成为一名小记者。

休斯敦市一家日报社的资深新闻编辑弗雷德·伯尼先生，

应邀每周都会来克朗凯特所在的学校为有兴趣的孩子讲授一节新闻课程，同时指导校报的编辑工作。一次，克朗凯特接到一个任务，采写一篇关于学校田径教练卡普·拉丁的文章。为了参加当天的一个同学聚会，克朗凯特就匆匆忙忙地随便写了篇稿子交了上去。第二天，弗雷德把克朗凯特单独叫到办公室，指着那篇稿子，说："克朗凯特，这篇报道非常糟糕，你没有问到该问的问题，也没有对他的工作、家庭做全面地报道，你甚至没有搞清楚他在干什么。"克朗凯特非常惭愧，他低下头不知道该说什么。接着，弗雷德又说了一句令他终生难忘的话："克朗凯特，你要记住一点，如果有什么事情值得去做，就得把它做到最好。"

在此后70多年的新闻职业生涯中，克朗凯特始终牢记着弗雷德先生的训导，全力以赴做好工作中的每一件事，最终获得了巨大的成就。

艾伦9岁的时候，生活在南达科他州的祖父的农场里。暑假里，祖父告诉他，如果他想要额外的零用钱，可以在农场里做点活儿来换。艾伦很高兴，他喜欢骑马放牧。可是祖父说只

有一件事还需要人手——赤手捡牧场上的牛粪饼。

　　一般的孩子都不愿意干这样的活儿，艾伦虽然不情愿，却还是很认真地做好了。

　　一段时间后，艾伦的祖母开车来学校接他回家，对他说："艾伦啊，祖父就要把你想要的新工作交给你了。你会拥有自己的马匹去放牧，因为去年夏天你捡牛粪时表现得极为出色。"这是艾伦在工作上得到的第一次提升，他开心极了。一个小小的信念也因此在他心中生根发芽。

　　后来，艾伦得到了肉铺帮工的工作，每星期挣1美元。这活儿仍然恶心，但是他的想法很简单：先做好，一定会得到提升的，然后就能摆脱这份工作了。果然，他后来成了年薪150多万美元的首席执行官。很多年里，这个信念一直支持着艾伦做好每一件工作、珍惜每一次机会。

　　艾伦·纽哈斯现在掌控着全美读者最广、影响力最大的报纸——《今日美国》。提起童年的生涯，他只感叹了一句："即使你干的是一件恶心的活儿，只要你认真干下去，而且尽量干好，你十有八九会得到提升，也就不用干那样的活儿了，

这比当个无用的人无所作为地混下去强得多。"

"即使我做的是一件恶心的事，我也要认真干下去，并尽量干好。"

让这句话也在你的心里生根发芽吧！以完成天赋使命般的虔诚对待自己的职责，尽心尽力做到最好。做好自己的工作，你所希望的必然会随之而来。强烈的使命感，是你不断向更高目标迈进、提升自身价值的根本所在。

富兰克林从一个印刷厂的学徒工成为州议员、政治家、科学家，进而成为美国的开国元勋。这样的人生历程，除了用他本身具有的强烈使命感来解释外，还有更好的理由吗？当你相信生而为人就应该完成在人世间的使命，你就会在做好自己手中事的同时不断吸取力量，向着更高的目标迈进，永远不放弃。

一个人所做的工作是他人生态度的表现；一生的职业，就是他志向的表示、理想的所在。所以，了解一个人的工作态度，在某种程度上也就是了解了那个人。

绝不要以敷衍的态度面对自己的工作，要做就要做到最好。即使你做的是一件微不足道的小事，都会给你自己和你身边的人留下印象。敷衍的态度助长了自己的散漫，也让别人失望；认真对待每一件事，锻炼了自己的品质，也会让其他人对

你更有信心。

　　无论给予自己的任务有多么的困难，拥有了使命感，就会拥有一定要做好的坚强意愿。如果没有虔诚的信仰而又缺少这样的"使命感"，你就很难成为一个真正优秀的员工。具有强烈使命感的员工，无论什么条件下都能最大限度地发挥自己的作用，担负起自己的使命和任务。

　　松下幸之助对他的员工说："如果你只是个做拉面的，也要做出比别处更鲜美的拉面。"

　　把工作看作是一种使命去完成，明白自己是为谁而工作。有些人对工作非常挑剔，希望找到"完美的"雇主和"完美的"工作，天天盼着升职、加薪，工作时却不愿多出一分力、多做一点事。事实上，雇主只会将加薪和升迁的机会留给那些格外努力、格外忠诚、格外热心、愿意花更多的时间做事、能将工作做得更好的雇员。因为他是在经营企业，不是在做慈善事业，他需要的是那些能为他创造价值的人。

　　如果你是一个主动积极、拥有强烈使命感的人，那么恭喜你，继续努力，过好每一个今天。天生我材必有用，相信在不断的奋斗中，你会在适合自己的岗位上做更为出色的成绩，让所有人都为你而骄傲。

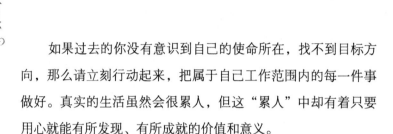

　　如果过去的你没有意识到自己的使命所在，找不到目标方向，那么请立刻行动起来，把属于自己工作范围内的每一件事做好。真实的生活虽然会很累人，但这"累人"中却有着只要用心就能有所发现、有所成就的价值和意义。

　　你的工作就是你的使命，点滴的精彩终将铸就生命华美的乐章！

第三章

善待工作

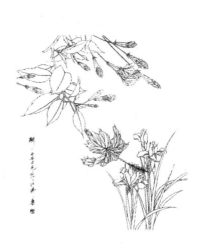

热爱工作

　　作家罗斯·金曾说："只有通过工作，才能保证精神的健康；在工作中进行思考，工作才是件快乐的事。"如果一个人鄙视、厌恶自己的工作，那么他必遭失败。引导成功者的磁石，不是对工作的鄙视和厌恶，而是真挚、乐观的精神和百折不挠的毅力。工作不仅是为了满足生存的需要，同时也是实现个人人生价值的需要。工作所给你的，要比你为它付出的更多。如果你将工作视为一种积极的学习经验，那么，每一项工作中都包含着许多个人成长的机会。一个人总不能无所事事地终老一生，应该试着将自己的爱好与所从事的工作结合起来，无论做什么，都要乐在其中，而且要真心热爱自己所做的事。

　　在一个公司中，你也许会觉得自己仅仅是一个不起眼的人物，在公司庞大的组织结构中默默无闻，会觉得任何员工都可以做你应该去做的工作，不管你的工作看起来是多么卑微，你

都应当付之以艺术家的精神，应当有十二分的热忱。在任何情形之下，都不允许对自己的工作表示厌恶。厌恶自己的工作，最终也会遭到工作的厌恶。如果你为环境所迫而做一些乏味的工作，你也应当设法从这些乏味的工作中找出乐趣来。要懂得，凡是应当做而又必须做的事情，总能找出乐趣，这是我们对于工作应抱的态度。有了这种态度，无论做什么工作，都能有很好的成效。

聪明的人知道，无论一个人的职业是什么，都无法降低自己的人格尊严，都不会对自己的地位有所影响。那些所谓的地位，只是虚荣者给自己设立的界限。无论你从事什么职业，都不要看不起自己的工作。

今天，仍然有许多人存在职业偏见，认为自己所从事的职业是卑贱低微的。他们身在其中，却无法认识到那份职业的真正价值，认为自己只是迫于生活的压力而劳动。他们无法投入全部身心。他们在工作中敷衍塞责、得过且过，而将大部分心思用在如何摆脱令自己不满意的工作环境上了。这样的人在任何地方都不会有所成就。

是的，某些行业中的某些工作看起来确实并不高雅，工作环境也很差，无法得到社会的承认。但是，请不要无视这样一

个事实：有用才是伟大的真正尺度。就像那些劳动工具一样，有些劳动工具被用来做一些比较好的工作，不会遭到风霜的洗礼，不会裸露于骄阳的暴晒之下。有些工具则被用来洗刷马桶，清除最脏的死角。这些工具都有他们各自的位置，都有其利用的价值，任何人都不能因否认它们的价值而舍弃不用。相反，人们在生活中永远都不会小视他们的价值。况且，用饭勺洗马桶极不合理也不可取。饭勺代替不了马桶刷这是千古不变的真理，这同时也是我们不能轻视自己职业的道理。

　　所有正当合法的工作都是值得尊敬的。只要你诚实地劳动和创造，没有人能够贬低你的价值，关键在于你如何看待自己的工作。那些只知道要求高薪，却不知道自己应承担责任的人，无论对自己，还是对老板，都是没有价值的。也往往有一些被动适应生活的人，他们不愿意奋力崛起，努力改善自己的生存环境。对于他们来说，公务员更体面，更有权威性；他们不喜欢商业和服务业，不喜欢体力劳动，自认为应该活得更加轻松，应该有一个更好的职位，工作时间更自由。他们总是固执地认为自己在某些方面更有优势，会有更广泛的前途，但事实上并非如此。

　　如果一个人轻视自己的工作，那么他决不会尊敬自己。如果一个人认为他的工作辛苦、烦闷，那么他的工作决不会做

好，这一工作也无法发挥他内在的特长。与轻松体面的办公室人员的工作相比，商业和服务业是需要付出更艰辛的劳动，需要更实际的能力，但这不等于这样的工作就是卑微的代名词，只能说当人们害怕接受挑战时，会给自己找出许多借口来逃避现实。有些人在学生时代可能就非常懒散，一旦通过了考试，便将书本抛到一边，以为所有的人生坦途都向他展开了，他们就开始放纵起来。实事上，社会上有许多人不尊重自己的工作，不把自己的工作看成创造事业的要素和发展人格的工具，而视为衣食住行的供给者，认为工作是生活的代价、是不可避免的劳碌，这是多么的错误的观念啊！为此，莱伯特对这种人曾提出过警告："如果人们只追求高薪与政府职位，是非常危险的。它说明这个民族的独立精神已经枯竭；或者说得更严重些，一个国家的国民如果只是苦心孤诣地追求这些职位，会使整个民族像奴隶一般地生活。"

工作本身没有贵贱之分，但是对于工作的态度却有高低之别。对自己尊重的人不会看轻自己的职业，不会对自己所从事的职业有任何异议。他们在生活的道路上，这些人永远都是人类的领军人物，永远都值得人们赞叹和感怀。他们能够独立生活，因为他们是一个拥有自己见解的人。

把工作做到最好

如果你既能专心致志，又能积极应对，那么最后你就应该去追求完美，你就应该去把工作做到最好。许多人在寻找自我发展机会时，常常这样问自己："做这种平凡乏味的工作，有什么希望呢？"可是，就是在极其平凡的职业中、极其低微的位置上，往往蕴藏着巨大的机会。只要你能把自己的工作做得比别人更完美、更迅速、更正确、更专注，调动自己全部的智力，使自己有发挥本领的机会，成功就指日可待了。

哈伯德说过，不要总说别人对你的期望值比你对自己的期望值高。如果哪个人在你所做的工作中找到失误，那么你就不是完美的，你也不需要去找借口。承认这并不是你的最佳程度。千万不要挺身而出去捍卫自己。当我们可以选择完美时，却为何偏偏选择平庸呢？我讨厌人们说那是因为天性使他们要求不太高。他们可能会说："我的个性不同于你，我并没有你

那么强的上进心，那不是我的天性。"

　　有无数人因为养成了轻视工作、马马虎虎的习惯以及对手头工作敷衍了事的态度，终致自己的一生都处于社会底层，不能出人头地。这是不敬业者可怜的结局。

　　事实上，只要我们认真工作了，每个人都能做到上司的要求。但是回想你以前做过的工作，难道每一件事都完美无瑕吗？漏洞也好，瑕疵也罢，总之，会有那么一点儿遗憾的。说到这里，我并不是说在我们的工作里不能出现一点儿的问题，我也相信任何一个称职的领导都允许他的员工犯错误。我们要说的是，我们应该考虑周全、措施到位，留下的遗憾越少越好。然而，正是由于很多员工在工作中疏忽、畏难、敷衍、偷懒、轻率等，结果造成了可怕的惨剧。

　　宾夕法尼亚的奥斯汀镇，因为筑堤工程没有照着设计去筑石基，结果堤岸溃决，全镇都被淹没，无数人死于非命。像这种因工作疏忽而引起的悲剧，随时都有可能发生。无论在什么地方，只要有人犯疏忽、敷衍、偷懒的错误，就必然会造成许多难以预料的灾难性的后果。如果每个人都能将自己的工作做到最好，许多麻烦就会消失。

　　有人曾经说过："轻率和疏忽所造成的祸患不相上下。"

许多人之所以失败，就是败在做事轻率的态度上。毕竟没有哪个公司的老板会让你把事情做到100%的完美，他们知道这根本是不可能实现的，但他们需要你知道：如果你连公司的大门上有几个菱形的镂刻都很清楚，那么你的提升也就指日可待了。这就是说，完美是没有限制的，只要我们追求，只要我们尽力而为就行了。这同时也让我们看到了成功者和失败者的分水岭在于：成功者无论做什么，都力求达到最佳境地，丝毫不会放松；成功者无论做什么工作，都不会轻率疏忽。

　　再者，你工作的质量往往会决定你生活的质量。在工作中你应该严格要求自己，能完成百分之百，就不要只完成百分之九十九。不论你的工资是高还是低，你都应该保持这种良好的工作作风。每个人都应该把自己看成是一名杰出的艺术家，而不是一个平庸的工匠，应该永远带着热情和信心去工作。而不要满足于"差不多"的工作表现，只有力争做最好的自己，你才能成就自己。

工作岗位是你施展才华的平台

工作岗位是人生旅途拼搏进取的支点，是实现人生价值的基本舞台。珍惜岗位，就是珍惜生命，进而提高自己的人生价值。

客厅中一架巨大的挂钟在"嘀嗒嘀嗒"地响着。一天晚上，突然听见一阵啜泣声，于是客厅里的家具到处寻找声音的来源，最后发现，原来是秒针在哭泣。

秒针哭着说："我的命真苦啊！每当我转一圈时，长针才走一步，我转60圈时，短针才走5步。一天我必须要转1440圈，一星期有7天，一年有365天……我如此瘦弱，却必须得分分秒秒地转下去，实在是不堪重负啊！"

旁边的台灯安慰它说："不要过多地去想其他的事情，你只需一步一步地往前走，在你的岗位上充分展示自己的才华，你就能够实现自己的人生理想，也会变得轻松愉快。"

无论你在生活还是工作中担任什么样的角色，只要是自己分内的工作，就应当尽力把它做好。再小的事、再不起眼的小角色，也有它存在的价值和意义。

　　美国商界名人约翰·洛克菲勒对工作做了注解："工作是一个施展自己才能的舞台。我们寒窗苦读来的知识，我们的应变力，我们的决断力，我们的适应力以及我们的协调能力都将在这样的一个舞台上得到展示……"

　　其实，每个工作岗位都承担着一定的社会职能，都是从业人员在社会分工中所获得的扮演角色的舞台。每个人不仅可以通过工作获取生活的物质来源，而且还能够履行自己的社会职能，获得他人的认可和尊重。

　　人生最大的挑战，不是突然的灾变和改变命运的选择，而是日复一日、年复一年、平淡而又极其平凡的工作生活。要想在旷日持久的平凡中感受到工作的伟大，在重复单调的过程中享受到工作的乐趣，那就必须热爱自己的工作岗位。

　　一个员工一旦爱上了自己的职业，他（她）的身心就会融入工作中，就能在平凡的岗位上做出不平凡的事业，实现卓越、发现爱岗的真谛。

　　某个饭店的客户服务部经理有一次讲道，当初她应聘的是

饭店职员，结果却被分配到洗手间工作，当时她情绪很低落，因为她认为在洗手间工作低人一等，自尊心因此受到很大的打击。但经过一段时间的工作之后，她逐渐意识到工作只有分工不同，没有高低贵贱之分，酒店的每一个岗位的工作都与酒店的服务质量和整体形象密切相关。因此她的心态发生了很大的转变，工作开始变得认真起来，服务也热情周到，许多客人在接受她的服务之后，都赞不绝口，因此她被誉为酒店的榜样。她出色的工作表现，不但为酒店赢得了很多回头客，也让自己获得了很好的回报。不久她就被提升为客户服务部经理，更大限度地拓展了自己事业的空间。

在演艺圈流行着这样一句话："只有小演员，没有小角色。"在职场中也是一样，每个工作岗位都承担着一定的社会职能，只要你在工作岗位上充分发挥自己的聪明才智，你就一定会取得成功的。

然而，很多初涉职场的年轻人在工作中却不知道珍惜，总是心浮气躁，好高骛远，这山望着那山高，没有立足本职工作埋头苦干的精神，当然他们也不会有建功立业的成就感。这种人一见到别人做出了成绩，就会因羡慕而嫉妒，进而大发"英

雄无用武之地"的牢骚。似乎自己没有成就，不是主观不努力，而是岗位不适合。但是，一旦领导将他们放到某个重要岗位上，他们又会因此而沾沾自喜，乐而忘忧，以致成天在"一杯茶水一包烟，一张报纸看半天"中消磨时光。至于人生的理想、奋斗的激情、进取的潜能、创造的才智，统统都在这种舒适安逸中慢慢消失殆尽，到头来，只能平平庸庸、碌碌无为。可见，不珍惜工作岗位，实际上就是苟且偷安、敷衍人生，最终是对自己生命的浪费。

　　做好在职的每一天是一条实现自己人生价值的必经之路。只有踏踏实实，充分利用自己在工作岗位上的每一天，刻苦钻研，奋发图强，才能获得事业和人生的成功。

　　当年，年轻的帕瓦罗蒂从师范学院毕业后，问父亲："我是选择当歌唱家呢，还是当老师？"父亲回答说："你如果想同时坐在两把椅子上，只会从椅子中间掉下去。生活要求我们只能选择一把椅子坐。"

　　同样的道理，如果你不珍惜自己的工作岗位，这山望着那山高，到头来只会一事无成。也许你觉得自己的岗位很平凡，那么请你回头看看淘粪工人时传祥、石油工人王进喜、公交车售票员李素丽……他们中的哪一个不是在平凡的岗位上做出了

不平凡的事迹？也许你觉得自己的岗位很辛苦，但是，没有辛勤的耕耘，又哪来丰收的喜悦？

　　工作岗位是你施展才华的平台，而珍惜工作岗位更是一种对自己、对企业、对国家认真负责的表现。当今的职场竞争激烈而残酷，只有你勤勤恳恳地努力工作，才能保证自己不被别人取代。珍惜工作岗位，就是珍惜自己的就业机会，拓展自己的生存和发展空间，积累人生的经验。有人说失去的时候才会懂得珍惜，如果你对工作总是漫不经心，当一天和尚撞一天钟，不珍惜自己的工作岗位，总是以为自己是在为别人、为企业、为国家工作，那么到头来损害的不光是企业的利益、国家的发展，自己也会因此而丢掉手中的饭碗，重新踏上寻找工作的漫漫征途。

　　工作岗位是你施展才华的平台，更大的成功和更高的薪水需要我们从珍惜自己的工作岗位做起，企业的发展和壮大更需要我们从珍惜个人的工作岗位做起。

珍惜目前的工作

每个人都被赋予了工作的权利，一个人对待工作的态度决定了这个人对待生命的态度，工作是人的天职。当我们把工作当成一项使命时，就能从中学到更多的知识，积累更多的经验，就能从全身心地投入到工作的过程中找到快乐，并实现人生的价值。

职场中，很多人都在寻找发挥自己本领的机会。他们常这样问自己："做这种平凡乏味的工作，有什么希望呢？"可是，就是在这些非常平凡的职业中，在世人看来非常渺小的岗位上，往往蕴藏着极大的机会。所以，不论你的薪水是多么微薄，都不该轻视和鄙弃自己目前的工作。

在工作和生活中，常常会碰到一些职责范围以外的工作，只要你站在公司的立场上，为公司着想，而不是置身事外，采取观望态度，那么，你所作出的努力终将会得到回报。在现实

中，每个人都难免要遭遇挫折与不公正待遇，每当这时，有些人往往会产生不满，而不满通常会引起抱怨和牢骚，希望以此引起更多人的同情，吸引别人的注意力。从心理学角度上讲，这是一种正常的心理自卫行为。但这种自卫行为同时也是许多老板心中的痛，牢骚、抱怨会削弱员工的责任心，降低员工的工作积极性，这几乎是所有老板一致的看法。

任何一份工作都值得你认真对待，值得你去做好。那些在别人看来不怎么体面的工作岗位，同样可以提升你自己的意志和能力，为你自己的未来创造价值。即使不是很起眼或者不是很重要的工作，但仍然能体现你的能力，尤其是你的品质和工作精神，这对老板来说是最需要的。努力完成工作，这其实就是在给你自己加分。老板一开始安排的工作也许真是"小儿科"，但作为员工，珍惜这个工作机会，努力地做好每一件不起眼的小事也是将来成就大事业的基础。

志强大学毕业后来到了一家大公司，踌躇满志的他本想大干一番，迅速成为一颗冉冉升起的新星，可是老板却只安排他做了一个普通的业务员，这和他想做一个策划的想法相去甚远，于是他总是感觉到自己的能力没有办法发挥出来。更严重的是，公司里的同事似乎总是对他不屑一顾，包括老板、人力资源经理、主管，甚至连前台员工和司机对待他的态度都不是很友善。难道他们真的没有意识到自己的能力吗？要知道，他可是过五关、斩六将才进入这家公司的呀。他疑惑了。

其实，许多刚毕业的年轻人都碰到过类似的情况。古人云，一屋不扫何以扫天下？目前整个就业市场的竞争在进一步加剧，公司需要一个拿得起、放得下的员工，只要老板需要，就能够到指定的岗位去完成任务。相比较而言，一个很有才华却一心只想展露自己光彩的人，却不如一个踏踏实实地对待自己工作的人更受欢迎。

只要仔细观察任何一个管理健全的组织，你就会发现，没有人会因为喋喋不休的抱怨而获得奖励和提升。这是再自然不过的事了。想象一下，船上水手如果总不停地抱怨："这艘船怎么这么破，船上的环境太差了，食物简直难以下咽，船长又是多么愚蠢呀！"这时，你认为这名水手的责任心会有多大？对工作会尽职尽责吗？假如你是船长，你是否会对他委以重任？

所以，一旦你受雇于某个公司，就请珍惜目前的工作机会，并对工作竭尽全力、主动负责吧！记住这是你的责任。

美国康奈尔大学曾经做过一个有名的"青蛙试验"，试验人员把一只健壮的青蛙投入热水锅中，青蛙马上就感到了危

险，拼命一纵便跳出了锅。试验人员又把该青蛙投入冷水锅中，然后开始慢慢加热。开始时，青蛙自然优哉游哉，毫无戒备。一段时间以后，锅里水的温度逐渐升高，而青蛙在缓慢的变化中却没有感受到危险，最后，一只活蹦乱跳的健壮的青蛙竟活活地被煮死了。

"蛙未死于沸水，而灭顶于温水"的情况不仅发生在动物界，也常常发生在我们人类身上。这就说明，人们在工作和生活中要时刻保持危机感。

比尔·盖茨就是个危机感很强的人。当微软利润超过20%的时候，他强调利润可能会下降；当利润达到22%时，他还是说会下降；到了今天的水平，他仍然说会下降。他认为这种危机意识是微软发展的原动力。微软著名的口号"不论你的产品多棒，你距离失败永远只有18个月"，这正是危机意识的体现。

其实，不仅仅是企业、企业家要有危机感，作为员工，更要有危机感。这种危机感的体现就在于一个人对工作的珍惜程度，危机感强的员工，总会对工作倍加珍惜，因为他知道，如果自己不珍惜工作，不时刻保持危机感，自己的位置就有可能被别人替代，就会如同温水中的青蛙，面临被企业淘汰的命运。

随着经济的发展，企业之间的竞争日趋激烈，高学历、高能力的人才大批涌入社会，"能者上，平者让，庸者下"的理念越来越被人们所接受。与此同时，就业压力越来越大，各行各业的在职人员倘若不称职，随时会有失业的危险。

作为员工，时刻保持危机感对你来说将是件利大于弊的事情。从表面上看，人们努力工作是被环境及生活所迫，但真正的动机却是发自个人的内心，是受心中危机感的驱使，努力工作并不是别人勉强你去拼搏，而是你自己内心里有一股潜在的积极向上的力量，希望自己活得成功而快乐。

努力工作就是成全自己。因此，工作要有责任感、使命感，更要有危机感、压力感。而努力工作的关键就是要珍惜自己目前的工作机会，力争把自己锻炼成岗位能手。

但是，非常遗憾的是，很多人工作时不努力，总是在失业之后才如梦初醒，在找工作的艰难中才想到自己以前应该好好珍惜，却为时已晚。更可悲的是，很多人就这样在"今天工作不努力，明天努力找工作"中重复着，他们很少认为是自己错了，更多的是责怪公司和老板没有给自己提供发展才能的机会。

在职场竞争日益激烈的今天，年轻人更要有这种忧患意识和危机意识，好好珍惜自己现在拥有的工作，在工作岗位上精心谋事、潜心干事、专心做事，把心思集中在"想干事"上，

不输给自己，我的工作我做主

把本领用在自己的本职工作上。

　　今天工作不努力，明天必定要去努力找工作。珍惜你现在的工作机会吧，即便是为了生存。

尊重自己的工作

　　无论你做什么工作，无论你面对的工作环境是松散还是严格，你都应该认真工作，不要老板一转身就开始偷闲，没有监督就没有工作。你只有在工作中锻炼自己的能力，使自己不断提高，加薪升职的事才能落到你的头上。

　　有些员工不是希望自己在认真工作中得到公司的重用，而是完全寄希望于投机取巧；有些员工以应付的态度对待工作，却希望得到老板的赏识，得不到就埋怨老板不能慧眼识英雄，或慨叹命运之不公。他们和下文中那个在房间里找丢失在屋外的金币的人犯了同样的错误，那就是在错误的地方寻找他们想要的东西。

　　夜晚，一个人在房间里四处搜索着什么东西。

　　另一个人问道："你在找什么呢？"

　　"我丢了一枚金币。"

"你把它丢在房屋的中间，还是墙边？"

"都不是。我把它丢在了房屋外面的草地上了。"

"那你为什么不到外面去找呢？"

"因为草地上没有灯光。"

也许你觉得这个人的思维逻辑很可笑，然而，我们经常会看到这样的事，一个想要找到金矿的采矿者，如果他认为在海滩上挖掘更容易，而因此就在那儿寻找金子的话，那他找到的肯定只是一堆堆沙子，而绝不可能是金子。只有在坚硬的石头和泥土中挖掘，才能找到想要的宝藏。同样，工作懒散，只能得到公司的解聘通知书。只有认真工作，才可能得到公司的重用，赢得升迁和加薪的机会。

大多数老板都是很精明的，他们都希望拥有更多优秀的员工，期望优秀员工给企业带来更多的利润。如果你能够认真尽到自己的职责，尽力完成自己应该做的事情，那么总有一天，你能够自如地从事自己想做的事，赢得自己想要的体面。

可惜的是，在现实的工作中，很多员工只知道抱怨公司，却不反省自己的工作态度，他们根本不知道被公司重用是建立在你是否能认真完成工作的基础上的。他们整天应付工作，并发出这样的言论："何必那么认真呢""说得过去就行了"　"现在的工作只是个跳板，那么认真干什么"，结果，他们失去了工作的动力，不能全身心地投入工作，更不能在工作中取得斐然成绩。最终，聪明反被聪明误，失去了本应属于自己的升迁和加薪机会，悔之晚矣！

认真工作才是真正的聪明。因为认真工作是提高自己能力的最佳方法。你可以把工作当作一个学习机会，从中学习处理业务，学习人际交往。长此下去，你不但可以获得很多知识，还为以后的工作打下了坚实的基础。认真工作的员工不会为自己的前途操心，因为他们已经养成了一个良好的习惯，到任何公司都会受到欢迎。相反，在工作中投机取巧或许能让你获得一时的便利，但却在心灵中埋下隐患，从长远来看，是有百害而无一利的。

古罗马人有两座圣殿：一座是勤奋的圣殿；另一座是荣誉的圣殿。他们在安排座位时有一个秩序，就是人们必须经过前者，才能达到后者。它们的寓意是，勤奋是通往荣誉的必经之路。

从来没有什么时候，老板像今天这样青睐认真工作的员工，并给予他们如此多的机会。老板往往会这样鼓励员工："认真干吧！把你的能力都发挥出来，还有更多的重任等着你呢！"他的意思就是说："认真工作吧，我会给你增加工资

的。"当老板让你做更多的更重要的工作时，你的工资自然会提高，通往成功的大门也就徐徐拉开了。

聪明的你，赶快行动吧！认真工作，你才能实现自己的人生价值，才能拥有更美好的未来。

接受工作的全部

那些在求职时念念不忘高位、高薪，工作中却不能接受工作所带来的辛劳、枯燥的人；那些在工作中推三阻四，寻找借口为自己开脱的人；那些不能不辞辛劳满足顾客要求，不想尽力超出客户预期提供服务的人；那些失去激情，任务完成得十分糟糕，总有一堆理由抛给上司的人；那些总是挑三拣四，对自己的工作环境、工作任务这不满意那不满意的人，都需要一声棒喝："记住，这是你的工作！"

很多年轻人，干活的时候敷衍了事，做一天和尚撞一天钟，从来不愿多做一点儿，但在玩乐的时候却是兴致高昂，得意的时候春风满面，领工资的时候争先恐后。他们似乎不懂得工作应付出努力，总想避开工作中棘手麻烦的事，希望轻轻松松地拿到自己的工资，享受工作的益处和快乐。

诚然，工作可以给我们带来金钱，可以让我们拥有一种在别

处得不到的成就感。但有一点不应该忘记：丰厚的物质报酬和巨大的成就感是与付出辛劳的多少、战胜困难的大小成正比的。

不可否认，人都有趋利避害、拈轻怕重的本能。若接到搬钢琴的任务，多数人会自告奋勇地去拿轻巧的琴凳。但我们是在工作，不是在玩乐！既然你选择了这个职业，选择了这个岗位，就必须接受它的全部，而不是只享受它带给你的益处和快乐。就算是屈辱和责骂，那也是这个工作的一部分。如果说一个清洁工人不能忍受垃圾的气味，他能成为一名合格的清洁工吗？如果说一个推销员不能忍受客户的冷言冷语和脸色，他怎能创下优秀的销售业绩呢？

每一种工作都有它的辛劳之处。体力劳动者，会因为工作环境不佳而感到劳累；在窗明几净的办公室里工作的中层管理者，会因为忙于协调各种矛盾而身心疲惫；居于高位的领导者，背负着公司内部管理和企业整体运营的压力。你无法想象一位总经理说："我只想签几个字就领高工资，至于公司的年度利润指标，这需要承担太多的压力，我受不了。"

只想享受工作的益处和快乐的人，是不负责任的人。他们在喋喋不休的抱怨中，在不情不愿的应付中完成工作，必然享受不到工作的快乐，更无法得到升职加薪的快乐。

　　奎尔是一家汽车修理厂的修理工，从进厂的第一天起，他就开始发牢骚，"修理这活太脏了，瞧瞧我身上弄得""真累呀，我简直讨厌死这份工作了"……每天，奎尔都在抱怨和不满的情绪中度过，他认为自己在受煎熬，像奴隶一样卖苦力。因此，奎尔每时每刻都窥视着师父的眼神与行动，一有机会，他便偷懒耍滑，应付手中的工作。

　　转眼几年过去了，当时与奎尔一同进厂的三名员工，各自凭着自己精湛的手艺，有的另谋高就，有的被公司送进大学进修，独有奎尔，仍旧在抱怨声中做他的修理工作。

　　记住，这是你的工作！应该把这句话告诉给每一位员工。不要忘记工作赋予你的荣誉，不要忘记你的责任，更不要忘记你的使命。坦然地接受工作的一切，因为它能给我们带来益处和快乐。

第四章

细节决定成败

细节决定成败

老子说："天下难事，必做于易；天下大事，必做于细。"很多时候，一件看起来微不足道的小事，或者一个毫不起眼的变化，却能改变一场战争的胜负。

西点军校要求每一位军官和学员始终保持高度的注意力和责任心，始终具有清醒的头脑和敏锐的判断力，能够对战场上出现的每一个变化、每一件小事迅速做出准确的反应和判断。

在日常工作中，那些看似烦琐、不足挂齿的事情比比皆是，如果你对工作中的这些小事轻视怠慢，敷衍了事，到最后就会因"一着不慎"而导致"全盘皆输"。所以，每个人在处理小事时，当引起足够重视。

天下大事必做于细，要想把每一件事情做到无懈可击，就必须从小事做起，付出你的热情和努力。

士兵每天做的工作就是队列训练、战术操练、巡逻排查、

擦拭枪械等小事；饭店的服务员每天的工作就是对顾客微笑、回答顾客的提问、整理清扫房间、细心服务等小事；在公司中，你每天所做的事可能就是接听电话、整理文件、绘制图表之类的小事。但是，我们如果能很好地完成这些小事，没准儿将来你就可能是军队中的将领、饭店的总经理、公司的老总，反之你如果对此感到乏味、厌倦不已，始终提不起精神，或者因此敷衍应付差事，勉强应对工作，那么你现在的位置也会岌岌可危，在小事上都不能胜任，何谈在大事上有所成就。

如果连做好"小事"的态度和能力都不具备，那么几乎是不可能做好大事的。

在职场中每一件小事的积累，都是今后事业稳步上升的基础。许多人都因为事小而不屑去做，对待事情常常不以为然，抱有严重的轻视态度。更不应该因为自己看似打杂的工作而气馁，把它当作是一种成功前的考验，才是正确的态度。凡成大事者必先苦其心智，饿其体肤，这是古人告诉我们的道理。

有一个关于古希腊著名先哲苏格拉底和其名徒柏拉图的故事，说明了做与不做之间的巨大差别，也使善于做"小事"可以成就"大事"这个观点更具说服力。

苏格拉底在一次上课时，对他的学生说："今天大家只

要做一件事就行，你们每个人尽量把胳膊往前甩，然后再往后甩。"说着，他先给大家做了一次示范。接着他又说道："从今天开始算起，大家每天做300下，大家能做到吗？"学生们都自得地笑了，心想这么简单的事，谁会做不到？可是一年过去了，等到苏格拉底再次走上讲台，询问大家的完成情况时，全班大多数人都放弃了，而只有一个学生一直坚持着做了下来。这个人就是后来与其师齐名的大哲学家柏拉图。

成功是由许多的小事和"细节"累积而成的。人们通常不会被大石头绊倒，却会因小石子而磨脚。

在很多时候，一个人的成败取决于那些不为人知的细节，更多时候"细节"具有决定性的力量，完美的细节代表着严谨的作风和端正的态度，代表着永不懈怠的处世风格，是一个人积极、实干和优秀的象征。

生活中充满了细节，那些看起来非常偶然的细节或帮助或伤害着我们，所以认清那些影响我们成败的细节十分重要，让我们高度关注生活中的细节，让每一个细节都为走向成功而服务。

天下大事必做于细，要想把每一件事情做到无懈可击，就必须从小事做起，付出你的热情和努力。在小事上都不能胜

任，何谈在大事上"大显身手"呢？没有做好"小事"的态度和能力，想做好"大事"只会成为"无本之木，无源之水"，根本就成不了气候的。可以这样说，平时的每一件"小事"其实就是一个房子的地基，如果没有这些材料，想象中那美丽的房子只会是"空中楼阁"，根本无法变成现实的"实物"。在职场中，每一个细节的积累都是今后事业稳步上升的基础。

荀子说："不积跬步，无以至千里；不积小流，无以成江海。"说的就是想要成大事、大气候必须从小事做起的道理。所以，在工作中，认真做好每一件小事情，反映的就是一种忠于职业、尽职尽责、一丝不苟、善始善终的职业道德和精神，其中也糅合着一种使命感和道德责任感。把每一件小事、每一个细节都做到完美，我们才会有机会在工作中铸就自己的辉煌。

一位年轻人在一家石油公司里谋到一份差事，任务是检查盛石油的油罐盖焊接好没有。这是公司里最简单、最枯燥的工作，凡是有出息的人都不愿意干这件事。这位年轻人也觉得天天研究一个个的铁盖子太没有意思了。

他找到主管，要求给自己调换一份工作。可是主管说："不行，别的工作你干不好。"

年轻人只好回到焊接机旁，继续检查那些油罐盖上的焊接点。既然好工作轮不到自己，那就先把这份枯燥无味的工作做好吧！

于是，年轻人静下心来，仔细观察油罐焊接的全过程。他发现，每焊接好一个石油罐盖，需要用39滴焊接剂。

为什么一定要用39滴呢？多和少1滴都不行吗？

在这位年轻人以前，已经有许多人干过这份工作，但从来没有人想到过这个问题。这个年轻人不但想了，而且进行了认真细致的试验。结果发现，焊接好一个石油罐盖，只需38滴焊接剂就足够了。

年轻人在最没有机会施展才华的工作上，找到了用武之地。他非常兴奋，立刻为节省一滴焊接剂而开始努力工作。

现有的自动焊接机，是为每罐消耗39滴焊接剂专门设计的。用旧的焊接机，根本无法实现每罐减少一滴焊接剂的目标。年轻人决定自行研制新的焊接机。经过无数次尝试，"38滴型"焊接机终于被他研制成功了。

使用这种新型焊接机，每焊接一个罐盖可节省一滴焊接剂。积少成多，一年下来，这位年轻人竟然为公司节省开支5万

美元。他就是世界石油大王——洛克菲勒。

曾经有人问洛克菲勒："成功的秘诀是什么？"

他说："重视每一件小事，点滴汇成大海。"

洛克菲勒的故事带给我们的思考是深刻的。在洛克菲勒之前，已经有很多人干过相同的工作，为什么别人就没有思考过是否可以使用38滴焊接剂的问题，而洛克菲勒却想到了呢？归根到底，就是洛克菲勒比别人更细心、更具热忱。

许多人都不因为事小而放弃，而是执着地去做，才走向成功的。同样的，也有许多人因为事小而不去做，对待小事情常常不以为然，抱有严重的轻视态度，从而走向失败的。

世界上所有的人与事，最怕"认真"二字。所有学有所长的成功者，虽然一开始，都与我们同样做着简单的微不足道的琐事，但是结果却大相径庭。细细分析，唯一的区别是能成功者，他们从不认为他们所做的事是简单的小事，他们始终认为，现在所做的"小事"是为今后的"大事"做准备，他们目光所及之处，是十分辽阔的沃野，是浩瀚无边的大海，而在常人眼中，现在所从事的工作，只是毫无生机的衰草和茫茫无目标的沙漠。

"天下大事，必做于细"，关键在于"做"字，没有实际行动，再宏大的目标也只能是空想。

做好每一件小事

著名管理大师迪克·谢勒说过，如果你想在企业界掌握机会，你不仅应考虑该从事何种工作，还应该考虑如何把小事做好。凡事总是从小至大，正所谓集腋成裘，必须按一定的步骤和程序去做。《诗经·大雅》的《思齐》篇中有"刑于寡妻，至于兄弟，以御于家邦"之语，意思就是说先给自己的妻子做榜样，推广到兄弟，再进一步治理好一家一国。试想，一个连小事都不做的人，当他办一件大事时，必然会忽视它的初始环节和基础步骤，这是我们工作中的经验之谈。

迪克本人，在不到10年的时间之内，就从"娇生公司"的一名推销员直接进入这家公司的权力核心，成为公司的总经理。这一年，他只有34岁。很多跟他同龄的人在他这个阶段还默默无闻呢。

"娇生公司"是一家正在发展、前景辉煌的公司。在这样

力求发展的公司工作，发展的机会是很多的。因为在这样的公司里，老板需要用新的管理方式来管理新增设的部门，不论里里外外，到处都急需能人。在这样的"公司"里，缺乏的不是发展机会，而是能力和表现。迪克之所以能够在这样的年龄担任这样的要职，不是因为有什么后台，只是因为他确有其过人之处，何况他身处的这个环境也在对他进行着熏陶，对他有着重大的影响。

毋庸置疑，若想成为企业优秀的职员，并能被领导委以重任，你必须耐心地接受企业一连串的训练。在企业里，你往往必须同时妥善处理五六件工作，而且新的工作还在不断增加。此时你就要学会对于尚未明朗化的事情暂时搁置，倾全力解决眼前的问题，否则你就很难有机会站在企业的第一线。

换言之，如果你要有机会站在企业的第一线，你就要把工作中的小事做细。大凡世界上能做大事的人，都能把小事做细、做好。做好每件小事，逐渐积累，就会发生质变，小事就会变成大事。任何一件小事，只要你把它做规范了、做到位了、做透了，你就会从中发现机会、找到规律，从而成就做大事的基本功。

东汉时，有一少年名叫陈蕃，独居一室而龌龊不堪。他父亲的朋友薛勤批评他，问他为何不打扫干净来迎接宾客。他回答说："大丈夫处世，当扫天下，安事一屋乎？"薛勤当即反驳道："一屋不扫，何以扫天下？"

陈蕃不愿意打扫自己的屋子，因为他认为那样的小事不值得自己去做。胸怀大志，欲"扫天下"固然可贵，然而却不一定要以扫屋来作为"弃燕雀之小志，慕鸿鹄以高翔"的表现。在我们的工作环境中，像这样的事情是随处可见的。

许多刚进入社会的年轻人常犯一个通病：认为上司能力平庸，甚至还不如自己。其实这种盲目地蔑视上级的思想是非常不可取的。

上级看起来能力平平但未必是真的平庸，很可能是大智若愚，也可能是假装糊涂，正躲在办公室里观察你是否能干，是否能对公司忠诚。

一家公司里新调来一位主管，在来之前，人们都说是个能人，专门被派来整顿业务。可是日子一天天过去，新主管却毫无作为，每天彬彬有礼地进办公室，便躲在里面难得出门，那些本来紧张得要死的坏分子，现在反而更猖獗了。

他哪里是个能人嘛！根本是个老好人，比以前的主管更容

易糊弄！

四个月过去了，就在真正努力的人为新主管感到失望时，新主管却发威了——坏分子一律开除，能人则获得晋升。下手之快，断事之准，与四个月前表现保守的他，简直判若两人。

年终聚餐时，新主管在酒过三巡之后致辞："相信大家对我新到任期间的表现和后来的大刀阔斧，一定感到不解。现在听我说个故事，各位就明白了：我有位朋友，买了栋带有大庭院的房子。他一搬进去，就将那院子全面整顿，杂草树木一律清除，改种自己新买的花卉。某日原先的屋主来访，进门大吃一惊地问：'那最名贵的牡丹哪里去了？'我这位朋友才发现，他竟然把牡丹当草给铲除了。

"后来，他又买了一栋房子。虽然院子更杂乱，他却是按兵不动，果然冬天以为是杂树的植物，春天里开了繁花；春天以为是野草的，夏天里成了锦簇；半年都没有动静的小树，秋天居然叶子红了。直到暮秋，他才真正认清哪些是无用的植物，而大力铲除，并使所有珍贵的草木得以保存。"

说到这儿，主管举起杯来："让我敬在座的每一位，因为如果这办公室是个花园，你们就都是其间的珍木。珍木不可能一年到头开花结果，只有经过长期的观察才认得出啊！"

　　从这个故事可以看出，在刚开始的时候，上级装作什么都不知道，让你放手去做，但在做的过程中，他已经将你的有关情况考察得清清楚楚。反过来讲，如果上级真的在某方面不如你，那恰恰给了你最好的机会。领导用你，正是因为你有过人之处。如果你是一个聪明的下属，与其每天挑剔工作的琐碎、上级的不足，还不如考虑一下自己如何把这份工作做好、做精及如何弥补上级的缺陷。

魔鬼藏在细节中

魔鬼隐藏于细节之中，细节能够带来成功，同样也能带来失败。

人常说，无论做什么事情只要把握大方向就行了，至于那些细枝末节就不要去管了。殊不知"千里之堤，溃于蚁穴"，小事不注意往往会酿成大问题。西点前校长潘莫曾指出："最聪明的人设计出来最伟大的计划，执行的时候还是必须从小处着手，整个计划的成败就取决于这些细节。"精辟地指出了想成就一番事业必须从简单的事情做起，从细微之处入手。

如果说不拘小节者拥有的是豁达的人生，那注重细节的人往往会成就非凡的事业。把每一件简单的事做好就是不简单，把每一件平凡的事做好就是不平凡。

现实中，绝大多数的细节会像我们每天清扫的灰尘一样被人忽视，倒入垃圾箱便无影无踪了。但总有一些细节，会深深地打

动我们，烙进我们的记忆，改变我们对人和事的看法和态度。

　　细节有时又会像一道闪电，虽然只有一刹那，却能将灵魂深处的东西照个通透。特别是对身在职场的人来说，细节虽小，但它的力量是难以估量的。细节作为容易为大多数人所忽视的东西，却往往成为注意细节的人的"加速器"，使他们很快地脱颖而出。

　　一个青年来到城市打工，不久因为工作勤奋，老板将一个小公司交给他打点。他将这个小公司管理得井井有条，业绩直线上升。有一个外商听说之后，想同他洽谈一个合作项目。当谈判结束后，他邀这位有华裔血统的外商共进晚餐。晚餐很简单，几个盘子都吃得干干净净，只剩下两只小笼包子。青年人对服务小姐说，请把这两只包子装进食品袋里，我带走。外商当即站起来表示明天就同他签合同。第二天，老板设宴款待外商。席间，外商轻声问青年，你受过什么教育？他说我家很穷，父母不识字，他们对我的教育是从一粒米、一根线开始的。父亲去世后，母亲辛辛苦苦地供我上学。她说俺不指望你高人一等，你能做好你自个儿的事就中……在一旁的老板已经泪眼蒙胧，端起酒杯激动地说："我提议敬她老人家一杯——

你受过人生最好的教育！"

因将吃剩下的两只小笼包带走这样极其平凡的小事感动了外商，使外商顺利地与他签订了合同。对大多数人来说，在细节上的表现更多的是种习惯，全赖于我们的性格和平时好习惯的养成。而性格或多或少地会表现在许多不经意的细节上。

注意细节，其实应该把功夫用在平时，不断完善我们的性格，养成良好的习惯，关键的时候才能水到渠成地"本色"流露，而不至于让人感觉到虚伪、做作。把细节上的表现当作是一种功利性的投机，是不可取的。一个品性优良、教养深厚的人很容易成为一个注重细节的人，因为这样的人对别人的要求高，对自己的要求更高。他们很明白细节对自己的人生有多么的重要。这也是成功者体现自身素质的一种表现。

注重细节的人往往会是一个完美主义的追求者，是一个对自己要求很高的人。

"魔鬼存在于细节。"当人们在工作和生活中忽略了细节时，魔鬼就会乘虚而入。而当你对细节给予足够的关注时，你就会得到意想不到的好处。当今竞争激烈的商业社会中，公司规模日益扩大，员工更是成千上万，其分工也越来越细，其中能够从事决策的高层主管毕竟是少数，绝大多数员工从事的是

简单烦琐的看似不起眼的小事，也正是这一份份平凡的工作和一件件不起眼的小事才构成了公司卓著的成绩。

凡事皆是由小至大，小事不愿做，大事就会成空想。集腋成裘，要成功，必须从小事做起。

同样，立大志，干大事，精神固然可嘉，但只有脚踏实地从小事做起，从点滴做起，心思细致，注意抓住细节，才能养成做大事所需要的严密周到的作风。以认真的态度做好每一件小事，以责任心对待每个细节。这样，你付出的是细心，得到的却是整个世界！

细节就像人体的细胞一样举足轻重，在某些情况下确实可以决定成败。在工作中关注细节，耐心做好每一个平凡的细节，你就有机会先于别人走向成功。

耶稣带着他的门徒彼得远行，途中发现一块破烂的马蹄铁，耶稣让彼得捡起来，不料彼得懒得弯腰假装没听到。耶稣没说什么，自己弯腰捡起马蹄铁，用它在铁匠那儿换来三文钱，并用这些钱买了十七八颗樱桃。出了城，两人继续前行，经过茫茫荒野，耶稣猜到彼得渴得厉害，就让藏在袖子里的樱桃悄悄地掉出一颗，彼得一见，赶紧捡起来吃。耶稣边走边丢，彼得也就狼狈地弯了十七八次腰。于是耶稣笑着对他说：

"要是你刚才弯一次腰，就不会在后来没完没了地弯腰。小事不干，将要在更小的事情上操劳。"

这是一则发人深思的故事，它带给我们的启示是：不要因为事小而不为，凡是要成就大事，就必须从小事做起，否则你将永远会为弥补小事的不足而忙碌更小的事情。一位知名的企业家说过："如果一个人对小事不屑一顾，即使做了也不情愿，每天只想着做大事，肯定不能委以重任，因为十有八九他不能把事情做好。整天只想着做大事，而不想着做小事的人，肯定也没有那个能力和毅力去做大事。"看来，成功的秘诀很简单，就是把工作中的小事做好了，以小积大，最终获得成功。

工作之中无小事，这已成为更多人的共识。那么我们又如何把小事做好呢？这就关系到细节问题，细节决定成败并不是危言耸听。

海尔的管理层经常说的一句话就是："要让时针走得准，必须控制好秒针的运行。"我们要发现问题的关键，提高解决问题的能力，必须坚持从细节入手。

一天，美国福特公司客服部收到一封客户抱怨信，上面是这样写的：

"我们家有一个传统习惯，就是我们每天在吃完晚餐后，

都会以冰淇淋来当我们的饭后甜点。但自从最近我买了一部你们的车后，在我去买冰淇淋的这段路程上，问题就发生了。每当我买的冰淇淋是香草口味时，我从店里出来车子就发动不了。但如果我买的是其他的口味，车子发动就很顺利。为什么？"

很快，客服部派出一位工程师去查看究竟。当工程师去找写信的人时，对方刚好用完晚餐，准备去买今天的冰淇淋。于是，工程师一个箭步跨上车。结果，买好香草冰淇淋回到车上后，车子果然发动不了。

这位工程师之后又依约来了三个晚上。

第一晚，巧克力冰淇淋，车子没事。

第二晚，草莓冰淇淋，车子也没事。

第三晚，香草冰淇淋，车子发动不了。

这到底是怎么回事？工程师忙了好多天，依然没有找到解决的办法。工程师有点气馁，不知是不是该放弃，转而接受退车的现实。

神圣的职业的使命感使工程师安静下来，开始研究从头到现在所发生的种种详细资料，如时间、车子使用油的种类、车子开

不输给自己，我的工作我做主

出及开回的时间……不久，工程师发现，买香草冰淇淋所花的时间比其他口味的要少。因为，香草冰淇淋是所有冰淇淋口味中最畅销的口味，店家为了让顾客每次都能很快地拿取，将香草口味冰淇淋特别陈列在单独的冰柜，并将冰柜放置在店的前端。

现在，工程师所要知道的疑问是，为什么这部车会因为从熄火到重新激活的时间较短时就发动不了？原因很清楚，绝对不是因为香草冰淇淋的关系，工程师很快地由心中浮现出答案：应该是"蒸汽锁"在作祟。买其他口味的冰淇淋由于花费的时间较多，引擎有足够的时间散热，重新发动时就没有太大的问题。但是买香草口味冰淇淋时由于时间较短，引擎太热，以至于还无法让"蒸汽锁"有足够的散热时间。

在这个事件中，购买香草冰淇淋虽然与发动机熄火并无直接联系，但购买香草冰淇淋确实和汽车故障存在着逻辑关系。问题的症结点在一个小小的"蒸汽锁"上，这是一个很小的细节，而且这个细节被细心的工程师所发现，从而找到了解决问题的关键。

事件使我们获得启发：提升解决问题的能力，必须要从细节入手。

细节铸就完美

　　"小事成就大事，细节成就完美。"关注细节是一种态度，任何细节的忽视，都有可能给工作造成不同程度的影响或损失。对待工作我们不仅要有高度的热情，更要认真严谨，兢兢业业，始终努力把每一件小事做细做好，完成的尽善尽美。

　　细节是非常具有价值的，但因为它的"渺小"，所以总是被人们忽视。要想利用好细节，前提就是要善于观察生活，注意把"细节"与"机会"联系在一起思考，这样"细节"就会变成"机会"。无论是从报纸图书上看到的，还是从别人口里听到的东西，都要去认真思考，做个真正的有心人。

　　一旦你确定了某个细节中蕴藏着非常有价值的机会，并立即按照这个细节所提供的信息去行动，积极的努力和付出，才会获得真正的成功。

　　看不到细节，或者不把细节当回事的人，实质上是对生活

缺乏认真的态度。这种人无法把自己的学习或者工作当作一种乐趣，而只是为了学习而学习，为了工作而工作，当一天和尚撞一天钟，因而在生活中缺乏热情。他们只能永远做别人分配给他们做的任务，甚至对分配的事情也会尽量的"缩水"；而考虑到细节、注重细节的人，不仅认真对待生活，而且注重在细节中寻找机会，从而使自己走上成功之路。

我们每一个想获得成功的人，都应该在学习中积累点滴经验，在工作中重视点滴细节。只有这样，你的人生才会更加充实，更加完美。请相信，细节能够改变人生。

细节也铸就完美。虽然世上似乎没有完美的存在，但是细节是可以让人很自然地想起这种东西的存在。

有一次，在电视上看到某集团董事长和夫人热心关注贫困家庭学子的细节。那是一次按惯例的介绍，主持者让学子汇报各自家庭的困难情况，夫妇俩当即阻止，他们不愿意看到资助对象由此而产生自卑心理，觉得不能再往他们的伤口上"撒盐"。他们说，助学并不是怜悯，也不是施舍，而是出于自己的真心，并再三劝慰学生们不要有"感恩"心理，认为这是应有的社会公德。这夫妇两个就把细节做进了别人的心里，这种

成功是超过一般意义的，也正因为这个而使得他们所在集团的社会形象获得了极大的提升。

"细节"往往容易被人忽略，但一个不经意的"细节"，则能反映出一个人深层次的修养，它能代表比财富更有价值的东西，弥补自身的不完美，提升你的竞争力。通过观察"细节"来评价一个人，不失为一种切实有效的方法。

一般来说，希望锻炼自己能力的人，应学会在细节处下功夫。

在职场上，细节是不容忽视的。注意细节所做出来的工作一定能抓住人心。虽然在当时无法引起人的注意，但久而久之，这种工作态度形成习惯后，一定会给你带来巨大的收益。这种细心的工作态度，是由于对一件工作重视的态度而产生的，是由于对再细小的事也不掉以轻心，专注地去做才会产生的。会成为大人物的人，即使要他去收发室做整理信件的工作，他的做法也会跟别人有所不同。这种注重细微环节的态度，就是使自己的前途得以发展的保证。

记得一部名为《细节》的小说，其题记为："大事留给上帝去抓吧，我们只能注意细节。"作者还借小说主人公的话做了脚注："这世界上所有伟大的壮举都不如生活在一个真实的细节里来得有意义。"细节，就是小节，它不仅具有艺术的真

实，而且更具有生活的真实。

　　人生是由一个个细节连缀起来的。细节蕴含真情，细节催人奋进，细节决定成败。发现细节，感受细节，关注细节就是品味人生的美丽，编制成功的花环；而无视细节忽略细节，就会迷失人生的方向，酿造失败的苦酒。不愿做平凡的小事的人，就做不出大事，大事往往是从一点一滴的小事做起来的。

　　所以，要想成为一个成功的人，就在细节处多下功夫吧！

　　有一个相貌平平的女孩，在一所极普通的中专学校读书，成绩也很一般。她得知妈妈患了不治之症后，想减轻一点儿家里的负担，希望利用暑假的时间挣一点儿钱。她到一家外企去应聘，韩国经理看了她的履历，没有表情地拒绝了。女孩收回自己的材料，用手掌撑了一下椅子站起来，觉得手被扎了一下，看了看手掌，上面沁出了一颗红红的小血珠，原来椅子上有一根钉子露出了头。她见桌子上有一条石镇纸，于是拿来用它将钉子敲平，然后转身离去。可是几分钟后，韩国经理却派人将她追了回来，她被聘用了。

　　在一件很细小的、与自己无关的事情上也能体现出对别人体贴和关心的人，她能获得成功是毋庸置疑的。成功的机会隐藏在

细节之中。当然，你做好了这些细节，未必能够遇到如此平步青云的机会。但如果你不做，你就永远也不会有这样的机会。

所以，如果你不想往日的努力在关键的时候付之东流，如果你不想自己一辈子碌碌无为，那么就从细节做起，把自己充实起来吧！

认真观察你就会发现，那些成功者及伟人都是注意细节的人。

一家书店的记账员因为书店的账目不清，就连续三个星期夜以继日地查账，但最后还是没有发现错在哪里。账面上明明有900元的亏空，却怎么也查不出来。他一遍又一遍地核对每一笔交易的收入和支出情况，一遍又一遍地把账目核对后再加起来，直到最后快要把他逼疯了，但还是查不出到底错在哪里。

最后，书店的经理单独把他叫去的时候，他此时已经是心力交瘁、几近崩溃了。经理和他两个人重新翻开了账本，从头到尾又核对了一遍，但是900元账目的亏空还是查不出所以然来。

于是，他们就把当班的书店营业负责人叫了进来，然后大家再次核对这900元的账目。这一次，没费多大的工夫，他们就查出了问题所在。

"看，是这儿，这里应该是1000元！"那个营业人员说，

"但是，怎么就把它记成了1900元呢？"

经过仔细的检查才发现，账本上黏住了苍蝇的一条腿，正好黏在1000元数额上第一个零的右下角，于是1000就变成1900了。

看起来微不足道的事情，其中都蕴藏着巨大的发现。而天才与凡人的最大区别往往体现在这些微不足道的小事上。

詹姆斯·瓦特一个人静静地坐在墙角，出神地望着从烟筒里冒出来的浓烟，对于这个小男孩来说，整个世界就是一个等待开发的能量宝库。这个世界蕴藏着多么巨大的能量啊！在蒸汽机作为主要动力的年代，如果没有了用蒸汽发动的动力，那么世界上所有靠蒸汽来发动的火车、轮船以及其他成千上万的机器，它们的轮子都会停止转动。每一个车轮、每一个转轴、每一个锭子，也都将停止转动。世界将变得死一般的沉寂。会有成千上万的人被迫加入失业大军的行列，成千上万的人会被逼得走投无路，还有成千上万的人得忍受饥饿和死亡的困扰。

最伟大的生命往往是由最细小的事物点点滴滴汇集而成的。绝大多数人很少能有机会遇到那种重大的转折，很少有机会能够开创宏伟的事业。而生活的溪流往往是由这些琐屑的事情、无足轻重的事件以及那些过后不留一丝痕迹的细微经验渐

渐汇集成的，也正是它们才构成了生命的全部内涵。

科学界的巨匠亥姆霍兹把自己一生的成就归功于他在因伤寒发作而得的狂热症。当时，由于他生病不得不待在家里，足不出户，他就用很少的一点儿钱买了一架天文望远镜。而正是这架望远镜把他带入了科学的殿堂，并让他日后在这个领域里声名大噪。

要想成为一名优秀的员工，就要学会去试着激发蕴含在细枝末节中的伟大力量。

所以，从现在就开始像西点学员那样严格要求自己吧！拿出十足的热忱去做好每一件小事，哪怕只是穿鞋、穿衣服这样的小事，哪怕只是学习过程中遇到的一个字词、标点，只要能认真坚持下来，你就能在潜移默化中养成追求完美、重视细节的习惯。

细节背后的伟大力量

艾森豪威尔将军强调"每一个细节背后的伟大力量"，重视细节向来是西点的传统，每一位西点的教官对新学员强调最多的就是必须熟知每一个细节，从着装、举止到枪械的构造和使用。

通过对细节的学习也让学员了解，追求完美并不困难，就像擦鞋一样易如反掌。只要你学会了把鞋擦亮，对于更重大的事情，同样可以做到尽善尽美，而不是决定于别人。西点努力训练学员养成追求完美的习惯，使其变成像呼吸一样的本能反应。

事实上，想做大事的人很多，但愿意把小事做细的人却很少。其实，我们不缺少雄韬伟略的战略家，而是缺少精益求精的执行者。现在很多商业领域已经进入了微利时代，大量人力、财力的投入往往只为了赢取几个百分点的利润，而某一个细节的忽略却足以使有限的利润化为乌有。所以，要想成为优

秀的员工，就必须重视工作中的每一个细节。

　　有时候，公司老板或业务员要出差，便会安排员工去买车票，这看似很简单的一件事，却可以反映出不同的人对工作的不同态度及其工作的能力，也可以大概预测一下他的发展前途。有这样两位秘书，一位将车票买来，就那么一大把地交上去，杂乱无章，易丢失，不易查清时刻；另一位却将车票装进一个大信封，并且在信封上写明列车车次、号位及起程、到达时刻。后一位秘书是个细心人，虽然她只做了几个细节处理，只在信封上写上几个字，却使别人省事不少。按照命令去买车票，这只是"一个平常人"的工作，但是一个会工作的人，一定会想到该怎么做，要怎么做，才会令人更满意、更方便，这也就是用心注意细节的问题了。

　　工作细心不容忽视。注意细节所做出来的工作一定能抓住人心，虽然在当时无法引起人们的注意，但久而久之，这种工作态度形成习惯后，一定会给你带来巨大的收益。这种细心的工作态度，是由于对一件工作重视的态度而产生的，对再细小的事也不掉以轻心，专注地去做才会产生。会成为大人物的人，即使要他去收发室做整理信件的工作，他的做法也会跟别

人有所不同。这种注重细微环节的态度，就是使自己发展的营养剂。

工作上的这种细心，所需的另一点就是亲切感，一点儿人情味儿，与人方便，一种替别人着想的心情。"若是我的话，就想这么做"，这就是亲切感。

在职场中，我见过很多这样的人，他们一心只想做大事，不愿做小事，一来觉得小事太烦琐，二来觉得做小事丢面子：以我的能力，怎么能去做这种小事，那不是大材小用、降低自己的身份？

对此，不妨听一下明海禅师在与中欧商学院学员们交流时说的一句名言："小事放光就是大事！"

工作中哪有那么多轰轰烈烈的大事，就算有，也是由一件件小事组成的。每件小事都做好了，做到放光了，自然就成了大事。

那么，怎么做才能做到"小事放光"呢？

就算再熟悉的事情，也要有最高的标准。

喜欢看中央电视台《新闻联播》的人，一定不会对罗京这个名字感到陌生。尽管因为身患癌症已经故去，但他的音容笑貌、做事认真的态度却深深刻在很多人的心里。著名节目主持

人郎永淳在纪念罗京的一篇博客里这样写道：

您的声音就是国家的声音。

一位大学生说，她在小学三年级时听过您给他们录的《谁是最可爱的人》。

找您录音的老师跟您说，小朋友们听您的声音才会更爱解放军。而您一气呵成，并连念三遍，挑出其中最好的一个版本，交出满意的答卷。

她那时候还说，没错为什么要录三遍，现在想来，那就是您做事做人的标准。

是啊，为什么要录三遍呢？对于罗京这样优秀的主持人，连主持《新闻联播》这么重要的节目对他来说都是轻而易举的事，何况只是朗诵一篇简单的课文，而且是录给小学生听的。

换了很多人，不要说录三遍，可能录一遍都漫不经心。

这也正是为什么有的人一辈子都普普通通，而有的人却出类拔萃的根本原因。

就算是做再熟悉的事情，也要用最高的标准去要求自己。这不仅是做人的标准，也是把细节做到完美的标准。

再简单的事，也要把它做到极致。

不输给自己，我的工作我做主

罗京从事播音26年，在3000多次的播音过程中，没有一次出错。

也许有人觉得，不就是照着稿子念吗？这有什么难的？

一次两次容易，一年两年或许也还容易，但26年，3000多次，就绝对不简单、不容易。

何况，有些时候，遇到意想不到的突发事件，就更要有平时扎实的功底不可。

主持人李瑞英回忆了罗京当时播报邓小平逝世的经过：讣告很紧急，当时是晚上10点接到的任务，这个消息要在第二天《新闻联播》中播出。从接到任务那一刻，罗京老师一直在直播台进行相关的新闻直播。

等到第二天晚上《新闻联播》即将开始的时候，他已经筋疲力尽了。

大家很担心罗京老师是不是还能坚持住？在直播过程中会不会出现问题？每个工作人员都为他捏了一把汗。

让人想不到的是，罗京老师一个字都没有错，很完美地完成了历来最长的一次直播：1小时45分钟。

一般人可能会在高强度的工作后头脑难以保持清醒，可是罗京在紧张地工作了那么长时间后，还能把直播做到一字不错，实在是令人敬佩。

还有一次，在1999年一次直播中，罗京要紧急宣读一份中央文件，5000多字的稿子，打印成播出稿的时候，《新闻联播》已经开播了。

可是罗京老师却镇定地念着一页一页临时递到主播台上的稿子，16分钟过去了，直播里没有出现一个差错。

如果没有平时把简单的事做到极致，也就不可能有关键时刻的镇定自若。

不要老想着天边的事，还要学会做好手边的事。

不久前，一位著名主持人在一次谈话节目中，多次将通用汽车公司的英文简称"GM"说成通用电气公司的英文简称"GE"，由此引起了网友们的议论纷纷，批评的声音不绝于耳。

或许，这只是主持人的一个无心之错，这一期节目讨论的是有关通用汽车公司破产的话题。其实，无论是从新闻的热点、大家的关注度以及谈话的质量，这期节目整体上都是不错

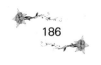

的，但就因为有了这么一个细节上的失误，使得节目的效果打了不小的折扣，甚至有些观众把整个关注点都放在了这个细节上，而忽略了节目的整体内容。这真是得不偿失。

其实，如果主持人不是只想着如何挖掘对话的深度，如何让节目产生更大的影响，同时也能关注一下手边的事，能够在做节目之前花几分钟对最常识的东西做一下核实，那么，就不会出现这样的失误。

在工作中，我们经常也会像这位主持人一样，只看大处，不着眼于小处。总认为大体上过得去就行，至于细节，没必要追求完美。但细节都做不到位，整体上又怎么能够完美。大事是小事的叠加，只有把手边的小事一件件做好了，才有可能打造整体上的完美。

细节，它不仅具有艺术的真实性，而且更具有生活的真实感。也许是生活的真实造就了艺术的真实，我们读小说时，总被作家笔下的细节，如人物的心得、动作、语言所感动。

细节总容易被人所忽视，所以往往最能反映一个人的真实状态，因此也最能表现一个人的修养。正是因为如此，透过小事看人，已经成为衡量、评价一个人的最重要的方式之一。

忽视细节的代价

现代商业的成败，在很大程度上已经由细节决定了。大笔的金钱投入下去，往往只为了赚取百分之几的利润，而任何一个细节的失误，就可能将这些利润完全吞噬掉。

海尔总裁张瑞敏先生在比较中日两个民族的认真精神时曾说："如果让一个日本人每天擦桌子六次，日本人会不折不扣地执行，每天都会坚持擦六次；可是如果让一个中国人去做，那么他在第一天可能擦六遍，第二天可能擦六遍，但到了第三天，可能就会擦五次、四次、三次，到后来，就不了了之。"

所以，无论做人、做事，都要注重细节，从小事做起。正如汪中求先生在《细节决定成败》一书所说的："芸芸众生能做大事的实在太少，多数人的多数情况总还只能做一些具体的事、琐碎的事、单调的事，也许过于平淡，也许鸡毛蒜皮，但这就是工作，是生活，是成就大事的不可缺少的基础。"由

此，我们需要改变心浮气躁、浅尝辄止的毛病，提倡注重细节、把小事做细、做实。

细节的成功，看似偶然，实则孕育着成功的必然。细节不是孤立存在的，就像浪花显示了大海的美丽，但必须依托于大海才能存在一样。

世上没有渺小的事情，只有渺小的心态；世上没有了不起的人物，只有了不起的人生态度。

一件事情会影响一个人的命运，几件事情会改变一个人的一生。

吉姆·克林斯说："不愿做平凡的小事就做不出大事，大事往往是从一点一滴的小事做起来的，所以，多在细节处下功夫吧！"

在历届西点军校的课堂里，都会讲到这样一个案例：

英国国王查理三世准备拼死一战了。里奇蒙德伯爵亨利带领德军正迎面扑来，这场战斗将决定谁统治英国。

战斗进行的当天早上，理查派了一个马夫去备好自己最喜欢的战马。

"快点给它钉掌，"马夫对铁匠说，"国王希望骑着它打头阵。"

"你得等等，"铁匠回答，"我前几天给国王全军的马都钉了掌，现在我得找点儿铁片来。"

　　"我等不及了。"马夫不耐烦地叫道，"国王的敌人正在推进，我们必须在战场上迎击敌兵，有什么你就用什么吧。"

　　铁匠埋头干活儿，从一根铁条上弄下四个马掌，把它们砸平、整形，固定在马蹄上，然后开始钉钉子。钉了三个掌后，他发现没有钉子来钉第四个掌了。

　　"我需要一两个钉子，"他说，"得需要点儿时间砸出两个。"

　　"我告诉过你我等不及了，"马夫急切地说，"我听见军号了，你能不能凑合？"

　　"我能把马掌钉上，但是不能像其他几个那么牢实。"

　　"能不能挂住？"马夫说。

　　"应该能，"铁匠回答，"但我没把握。"

　　"好吧，就这样，"马夫叫道，"快点，要不然国王会怪罪到咱俩头上的。"

　　两军交上了锋，理查国王冲锋陷阵，鞭策士兵迎战敌人。

"冲啊，冲啊！"他喊着，率领部队冲向敌阵。远远地，他看见战场另一头几个自己的士兵退却了。如果别人看见他们这样也会后退的，所以理查策马扬鞭冲向那个缺口，召唤士兵调头战斗。

他还没骑到一半，一只马掌掉了，战马跌翻在地，理查也被摔在地上。

国王还没有再抓住缰绳，惊恐的马就跳起来逃走了。理查环顾四周，他的士兵纷纷转身撤退，敌人包围了上来。

他挥舞宝剑，"马！"他喊道，"一匹马，我的国家倾覆就因为这一匹马。"

他没有马骑了，他的军队已经分崩离析，士兵们自顾不暇。不一会儿，敌军俘获了理查，战斗结束了。

从那时起，人们就说：

少了一个铁钉，丢了一只马掌。

少了一只马掌，丢了一匹战马。

少了一匹战马，败了一场战役。

败了一场战役，失了一个国家。

所有的损失都是因为少了一个马掌钉，这就是细节决定成败。

这个著名的传奇故事出自英国国王理查三世逊位的史实，他于1485年在波斯战役中被击败。这道出了一个道理：虽然单个细节并不决定整个国家的命运，但如果忽略掉一个又一个的细节就可能影响大局。渐变是在不知不觉中发生的，当你惊觉时，事物的性质早已走到了反面。在此引用此例，其目的就是为了说明不要忽视任何一个细节。

发现细节，感受细节，关注细节就是品味人生的多彩，而无视细节的存在，忽视细节就会迷失人生的方向，酿成失败。

细节是一种创造，细节是一种功力，细节表现修养，细节体现艺术，细节隐藏机会，细节凝结效率，细节产生效益，细节是一种征兆。要想比别人更优秀，只有在每一件小事上比功夫。一个不经意的细节，往往能够反映出一个人深层次的修养。

永远向竞争对手学习，学习每一个先进的"细节"。竞争优势归根结底是素质的优势，而素质的优势则是通过细节来体现出来。每一条跑道上都挤满了参赛选手，每一个行业都挤满了竞争对手。

细节体现艺术，也只有细节的表现力最强。抓住每一个细节，才可能抓住每一次成功的先机。

请牢记小事成就大事，细节成就完美。莎士比亚的名句："马，马，一马失社稷！"说的也是这一令人遗憾的战役。西点军校用此例，其目的就是为了告诫学员不要忽视任何一个细节。而作为员工，又何尝不该如此呢？

"魔鬼藏于细节"是西点军校的校训之一，在西点人看来，永远不能忽视任何细节，否则你就将付出巨大的代价。

临近黄河岸边有一片村庄，为了防止水患，农民们筑起了巍峨的长堤。一天，有个老农偶尔发现蚂蚁窝的数量一下子猛增了许多。老农心想这些蚂蚁窝究竟会不会影响长堤的安全呢？他要回村去报告，路上遇见了他的儿子。老农的儿子听后不以为然地说那么坚固的长堤，还害怕几只小小蚂蚁吗？随即拉着老农一起下田了。当天晚上风雨交加，黄河水暴涨。咆哮的河水从蚂蚁窝开始渗透，继而喷射，终于冲决长堤，淹没了沿岸的村庄和大片田野。

这就是"千里之堤，溃于蚁穴"这句成语的来历。

企业中的各种小问题其实就是企业管理中的一个个小的"蚁穴"。

比尔·盖茨常常说微软距离破产永远只有18个月，其实从企业需要强调和重视管理细节的角度来看，企业稍大一点儿就存在此类风险。韩国的大宇是价值700亿美元的大企业，但说倒闭也就倒闭了。因为企业大，所以小事没有人做；因为事情不大，所以小事做不透。我们工作中一系列的麻烦频频出现，一连串的失误势必在某一天酿成大祸。

处理好每一个细节

　　"一滴水，可以折射出整个太阳。"每一件大事都是由许多件微不足道的小事组成的。日常工作和生活也是如此，那些看似琐碎繁杂、不足挂齿的事情比比皆是。如果你对工作和生活中的这些小事轻视怠慢、敷衍了事，到头来就会因"一着不慎"而输掉整盘棋。所以，每个人、每个员工在处理每一个细节的时候，都应当认认真真。

　　通常人们都想做大事，而不愿意或者不屑于做小事。想做大事的人太多，而愿意把小事做好的人太少。事实上，随着社会的进步、经济的发展，专业化程度越来越高，社会分工越来越细，真正所谓的大事越来越少，比如，一台拖拉机，有五六千个零部件，需要几十个工厂进行合作生产协作；一辆小轿车，有上万个零件，需要上百家企业生产协作；一架飞机，共有四百多万个零部件，涉及需要协作生产的企业和单位更多。

因此，我们大多数人平时所做的工作还只是一些具体的事、琐碎的事、单调的事、不起眼的事，这些事也许过于平淡，也许是一些鸡毛蒜皮，但这就是工作，就是生活，就是成就大事不可缺少的基础。所以无论做人、做事，都要注意细节，都要从小事做起。一个不愿意做小事的人，是不可能成功的。老子告诫人们："天下难事，必作于易；天下大事，必作于细。"要想比别人更优秀，只有在每一件小事上下功夫。不会做小事的人，也做不出大事来。

细节往往因为"小"而容易被我们忽视，容易让人掉以轻心，因为"细"而让人对其不屑一顾。然而很多大事最终能否成功，往往与其间的一桩桩小事密切相关。

世间最睿智的国王所罗门说过，"万事皆因小事起"，而"摩德纳的水桶"这个故事正是这句名言的一个有力例证。

1005年，摩德纳联邦的几个士兵带着这只著名的水桶跑到了隶属于波罗尼亚国的一个共和国里去了。这原本是一件不值一提的小事，但是却引起了一场纠纷，引发了一场长达十几年的战争。

克里米亚战争造成了巨大的人员伤亡和财产损失。欧洲的

不输给自己，我的工作我做主

四大强国英国、法国、土耳其和俄国都被牵连进来，而战争最初却是因一把钥匙而起。

土耳其宣称，耶路撒冷圣墓中的一个神龛归土耳其的基督教会所有，于是就把神龛锁了起来，并且拒绝交出钥匙。这一行为使得希腊的教会很恼火。后来，争端不断升级。于是，俄国作为希腊的保护国、法国作为拉丁教会的代表也参加了进来。形势开始变得复杂起来。俄国要求土耳其对希腊的教会进行补偿，但土耳其拒绝这一要求。由于英国传统上就有保护土耳其人的习惯，在这场纠纷中他们理所当然地站在土耳其人的一边，同他们结成联盟共同反对法国和俄国。就是这样芝麻粒大小的事情，引发了这场巨大的纠纷。

法国历史被改写，一个强大的王朝被推翻，但它的起因却是一碗酒。

奥尔良公爵是国王路易·菲利普的儿子，在同朋友一起喝酒时，奥尔良在朋友们的力劝之下多喝了几杯。后来聚会结束后，大家将要离去时，他叫了一辆马车。可是这时候马有点受惊了，把他掀倒在地上，由于失去了平衡，他脚下踩空，头朝

下摔倒在人行道上，不省人事。如果不是那几杯酒，他可能不至于会坐不稳而摔下来；或者，即使摔倒在地，他自己也许还能站起来。但他再也没有起来。几杯酒使得这个王位继承人丢了性命，而他的全家后来也遭到了流放，他们家族的巨额财产也全部被充公。

　　大约半个世纪以前，一个行人停在苏格兰北部的一家乡村客栈过夜。在他停留期间，信使给老板娘带来了一封信。老板娘接过来，审视了一番，又原封不动地把信还给了信使，说，她付不起信的邮费——当时大约得要两先令。听了这些话，行人坚持要替老板娘付邮费。当信使离开了以后，那老板娘坦白地跟他说，其实信里根本没什么内容。她知道写信的是自己的弟弟。他住得离她比较远，他们姐弟俩约定好，在写信的时候他们只要在信封上做一些特殊的记号，他们就彼此明白对方过得是否很好。这件小事启发了这个行人，这个行人就是著名国会议员罗兰德·希尔。在看到这件事情后，他马上就意识到人们需要一种价格低廉的邮政方式。没过几个星期，他就向国会众议院提出了一项议案来降低邮费。正是由于这样一件小事，

才有了后来费用低廉的邮政制度。

格兰特将军回忆说，有一次他妈妈让他到邻居家去借点黄油。路上，他听人在念一封信说，西点军校正在招生。于是，他就没去借黄油，而是直接去西点招生处申请去西点的名额。也正是这个机遇，使他有机会接受正规的军事教育，从而为他日后在国家的危机中大显身手奠定了基础。他经常说，就是他妈妈叫他去借黄油这件小事情才使得他成了将军，继而当上了总统。

一艘小船颠覆了，却使华盛顿因此而生在了美国；一个矿工在挖井的偶然事故中发现了赫库兰尼姆古城遗址；航海冒险中的一次大错竟然发现了马德拉群岛。

但是，马马虎虎、"差不多先生"、"凑凑合合"、"不计较小姐"却认为，伟人就是只做惊天动地的大事情的人。

那些对自己的本性毫无认识，永远不屑于做细微之事的人，永远成就不了任何大的功业。

查尔斯·狄更斯在他的作品《一年到头》中写道："有人曾经被问到这样一个问题：'什么是天才？'他回答说：'天才就是注意细节的人。'"

　　有一个荷兰眼镜制造商的儿子，在同他的兄妹们玩耍时，偶然把两个镜片叠在了一起。他万分惊奇地发现远处教堂的尖顶一下子就跑到面前来了。他们兄妹几个轮流看了几遍，都感到很惊讶，于是就跑到屋里去把他们的父亲请了出来，他们的父亲也是同样的不理解和万分的惊奇。同时，他觉得他似乎发现了一种可以为老年人的生活提供便利的工具，而且这一发现还可能给他带来巨大的利润。于是，他就去向伽利略请教，伽利略马上就意识到这一发现对于天文爱好者具有巨大价值。据此，伽利略制造出了一台粗糙的天文望远镜。就是利用这架天文望远镜，他在现代天文学有了伟大的发现。

　　有一天，一个腿部有点残疾的人在匹兹堡的大街上行走，当时的人行道很滑，他一不小心滑倒了，帽子被风刮到了人行道前面一个男孩子的脚下。这个男孩子用力踢了帽子一下，把它踢到大街的中央去了。这时，另一个男孩子走过来，帮这位老人把帽子捡了起来，并且扶他回到了旅馆。老人记下了这个好心的男孩子的姓名，并且对他的善意之举表达了深深的感激之情。大约在一个月之后，有人给这个男孩送来了一张1000美元的支票。那男孩只是做了一件微不足道的事情，只是一件举手之劳的小事，但是他的善行竟

然马上得到了丰厚的回报。

　　善意的言行往往都是细微的，但是对于那些对人性已经绝望的灵魂来说，一句善良的话语可能会改变他们对整个世界的看法，可拯救他们的灵魂。

　　在伟大的雕塑家加诺瓦即将完成他的一项杰作时，有一个人在一旁观察。艺术家的一刻一凿看上去是那么漫不经心，于是，他就以为艺术家只不过是在做样子给他看而已。但是，艺术家跟他说："这几下看似不起眼，好像没什么，但正是这一刻一凿才把拙劣的模仿者与真正大师的技艺区分开来。"

　　当加诺瓦即将开始他的一件伟大作品《拿破仑》时，他那锐利的目光发现那块备用的大理石纹理上隐隐约约能够看出来有一条红线，虽然这块大理石是费了千辛万苦才从帕罗斯岛运来的，而且花了很高的价格，但是他的锥子却再也没有动它一下。

第五章

良好的工作态度

工作没有借口

美国人常常讥笑那些随便找借口的人说："狗吃了你的作业。"借口是拖延的温床，习惯找借口的人总会找出一些借口来安慰自己，总想让自己轻松一些、舒服一些。这样的人，不可能成为企业称职的员工，要知道，老板安排你这个职位，是为了解决问题，而不是听你关于困难的分析。不论是失败了，还是做错了，再好的借口对于事情本身也是没有丝毫用处的。

敬业的核心素质是当遇到问题和困难时，他们总是能够主动去找方法解决，而不是找借口逃避责任，找理由为失败辩解。

也就是说，敬业的员工富有开拓和创新精神，绝不会在没有努力的情况下，就事先找好借口。他会想尽一切办法完成老板交给的任务，条件再困难，他也会创造条件；希望再渺茫，他也能找出方法去解决。优秀的人不管被派到哪里，都不会无功而返。

　　在职场中，老板最痛恨的就是不找方法找借口的员工。如果你是老板，你布置了一项任务给员工，员工不仅没有完成任务，反倒为自己找了一大堆借口，你会作何感想？

　　任何工作首先要求的就是认真负责的态度，找借口是一种逃避责任的表现。错了就是错了，勇敢承担起来，从自身找原因，提醒自己下次不要再犯。如果你总是为失败找借口，那你永远都不会成功。成功属于那些善于找方法的员工，而不属于善于找借口的员工。

　　好的方法往往能让你脱颖而出，为你争取到更大的发展空间。不要抱怨自己运气不好，你该明白，绝大部分的机会都是你自己争取来的。

　　1956年，美国福特汽车公司推出了一款性能优越、款式新颖、价格合理的新车，但这款新车的销售却业绩平平，完全没有达到当初的预期效果。公司的经理们焦急万分，但绞尽脑汁也没有找到能让产品畅销的办法。

　　刚毕业的见习工程师艾柯卡是个有心人，他了解了情况后就开始琢磨怎样能让这款汽车畅销起来。终于有一天，他产生了灵感，于是径直来到经理办公室，向经理提出了一个创意：

在报上刊登广告，标题为"花56元买一辆56型福特汽车"。这是个很吸引人的口号，很多人纷纷打听详细的内容。原来艾柯卡的方法是：谁想买一辆1956年生产的福特汽车，只需先付25%的货款，余下部分可按每月付56美元的办法分期付清。

他的创意被公司采纳，而且成效显著。"花56元买一辆56型福特汽车"的广告深入人心，它打消了很多人对车价的顾虑，由此创造了一个销售奇迹。艾柯卡的才能很快受到赏识，不久他就被调往华盛顿总部成为区域经理，并最终坐上了福特公司总裁的宝座。

艾柯卡提出的这个极富创意的广告不仅解决了福特56的销售危机，更成为艾柯卡成功人生的起点。这就是寻找方法的妙处。不惧怕困难，相信自己，找到方法就能令你脱颖而出，为你自己赢得更多的成功机会，为你的事业发展开创出一片新天地。

由此可见，只有积极找方法，才能更好地出效益；只有积极找方法的员工，才能弥补老板的不足，成为老板的左膀右臂。

不找借口,找方法！每个员工都应该发挥自己最大的潜能，努力寻找更有效率的解决问题的方法，而不是浪费时间寻找借口。要知道，老板安排你这个职位，是为了解决问题，而不是

听你关于困难的长篇累牍地分析。不论是失败了，还是做错了，再巧妙的借口对于事情本身也是没有丝毫用处的。

方法能为人解除不便，能够让你有更大的发展，更能给公司创造最直接的经济效益。哪个公司的老板，能不格外重视想办法帮公司解决问题的员工呢？

最优秀的员工，是最重视找方法的员工。他们相信凡事都会有办法解决，而且总有更好的方法。

主动找方法解决问题的员工，是职场中的稀缺资源。假如你通过找方法做了一件乃至几件让人佩服的事，你就能很快脱颖而出，并获取更多的发展机会。

有些人之所以不成功，就在于对困难的屈服，无端地将困难放大，把自己看轻。其实，只要你努力去找方法，就一定会找到，而且越去找方法，便越会找方法；越会找方法，就越能创造更大的价值。这不仅能提高你找方法的自信，而且使你越来越有找方法的窍门。

面对困难，多一些方法，少一些借口，必定会让你成为一个不找借口找方法的一流员工。

工作需要埋头苦干

只有埋头苦干的人，才能得到老板的重用。那些在工作中找借口、做事拖拖拉拉的人，可能会永远生活在社会的最底层。

韩玫原来是一名普通的银行职员，后来到了一家服装公司工作。工作几个月后，她想试试是否有提升的机会，于是直接写信向老板毛遂自荐。老板给她的答复是：任命你负责监督服装出厂前的质检工作，但我不会给你加薪。

韩玫根本没有受到这方面的教育也没有这方面的经验。对于她来说，如何去做这件工作，要从哪开始，她都一窍不通。但是，她不愿意放弃这个机会。于是，她自己花钱去找一些做过这项工作而且有经验的老员工来学习。最终，她不但把工作做好了，并且比以前的老员工更有效率。结果，她不仅获得了提升，薪水也增加了很多。

后来老板找到她，对她说："我知道你对于质检工作完全不懂，我就是想看看你能不能认真地把这件工作做好，只有你把这件工作做好，你才能去胜任更高的职位，得到更高的薪水。如果你当时随便找一个理由推掉这项工作，我可能会让你辞职走人。因为我最不欣赏那些在工作中找借口的人！"

一个对自己负责任的人，无论他做什么事情，总会尽职尽责地完成，把借口拒之千里。在他看来，责任与借口都体现了一个人对生活和工作所怀有的心态，同时也决定了一个人的成功与失败。

任何借口都是在推卸责任。我们在工作的过程中，总会遇到困难，我们是知难而进还是为自己寻找逃避的借口？答案当然是：知难而进。借口虽然可以让你暂时逃避困难和责任，获得少许心理的安慰，可是你最终获取的却是失败。

有不少人在工作中一旦碰到问题，不是全力以赴去面对，而是千方百计地找出种种理由和借口进行搪塞、逃脱责任。长此以往，因为有各种各样的借口可找，他们就会疏于努力，不再想方设法争取成功，而是把大量时间和精力放在如何寻找一个合适的借口上。

一名优秀的员工，是不会在工作中寻找任何借口的，他们总是会把每一项工作尽力做到最好。他们的要求是：超出客户的预期，最大限度地满足客户提出的要求。为了成为老板眼中的优秀员工，他们总是出色地完成上级安排的任务，替上级解决问题，他们绝不找任何借口推托或拖延。

如果你平时多观察就会发现，很多员工在说"时间不够""这太难了""我一个人做不了"等类似的话时，他们其实就是在为自己的工作找借口。当面对困难和不利的情况时，就找借口来逃避，这是一种对工作不负责任、懦弱、胆怯和无能的表现。找借口只说明了一个问题：他是个愚蠢胆怯的员工。

不管任何时候，一个勇于担当责任而且善于用脑的员工是不会被困难所局限的，他们会竭尽所能去改变条件。时间太短，他们可以加快速度抓住问题的关键所在，决不浪费时间在一些无谓的事情上；任务太难，他们会尽量想办法找突破口，因为任何事情都会有解决的办法，只在于有没有下定决心去寻找。一个人做不了的事，上级也不会强人所难，所以，当你面对这种情况的时候，你所有的理由只说明你不想承担责任。

当你肩负起自己所应该肩负的责任时，你将会惊讶地发现，你是世界上最轻松的人。因为那种对事业高度的责任感，会让你成为一个值得信赖的人，一个可以被委以重任的人，这

种人永远不会失业。

　　其实在衡量一个人能力的大小方面，知识只占20%，技能占40%，态度占40%，而最重要的态度之一就是责任感，只有具备高度的责任感，你才能成为老板心目中最优秀的员工。

　　人们寻找借口的原因都很简单，就是他们想把属于自己的过失掩饰掉，把自己应该承担的责任转嫁给社会或他人。这样的人，在企业中不会成为称职的员工，也不是企业可以信任的员工，在社会中也不是大家可信赖和尊重的人。

向借口说"不"

不找任何借口是我们工作的准则之一，更是我们工作中所应该具备的一种精神。因为拒绝借口给我们带来了踏实敬业、不懈进取的人生信念。

李选贵没有太高的学历，他高中二年级就休学了，为了生活，他在几个乐团里做过钢琴师，在一些小镇上做过小生意，也在一些饭店里做过服务员。

他饱尝了很多次失败的滋味。他曾经办过一个养殖基地，不幸的是他失败了，那次失败对于李选贵来说很难以接受。在失败后的一段时间里，他连吃饭的钱都没有，其他的就更别说了。但他还是站了起来，他并没有给自己的失败找借口。

经过几年的努力李选贵又开始自己做生意，他给一家药品生产公司做代理，同时还推销另外一种电子治疗器。

有一次，他送一台治疗器去一家小饭店，当他到了以后，

他被小饭店的生意给惊呆了，他敢肯定他从来没有见过生意这么好的饭店。拥有好奇心的他问店主为什么不多开一些分店，店主这样回答："看到上面那幢房子了吗？那是我家，我喜欢那边，如果我开了分店，我就不会有空余时间回家了。"店主的回答让李选贵感到吃惊，也让他看到了机会，他心里已经有了一个好计划，他决定找这家店主商量让他加盟这个饭店。经过他的请求，店主答应了他在其他地方开分店的请求，条件是提取15%的利润。

一个月后，李选贵的第一家凉粉餐馆在城里开张了。同年，第二家也在另一个小城里开张。经过几年的发展，他的分店开到了40多家，全市的大小县城、乡镇都有他的分店。后来李选贵花了大价钱，把老店主的经营权买断，他说："老店主已经老了，他可以歇手了。但是我还年轻，我还不能抛锚，当你年轻的时候只要能奔，就得往前奔，一停手就会僵化。"

很多年过去了，李选贵把他的饭店做大了，而他也60多岁了，可是人们仍然能看见他年轻时的身影，他还是那样忙碌在自己的事业中。他说过："老店主把他的小店开了起来，并做

出了如此的美食，可是他不能把它做大。如果他把所有力量都用到饭店的经营上，或者他的野心再大些，我现在的事业也不可能成功，成功的就是老店主了。"

是啊！经营一样的饭店，老店主没有把生意做大，仅仅停留在原来的规模和水平上，而李选贵却能发现机会，然后提出开设分店的请求，并最终将小饭店做大做强。最主要的原因就是老店主给自己找了借口，不想再辛苦下去，从而把本应该属于自己的东西让给了别人。

成功者找方法，失败者找借口。无论是企业，还是个人，远离了借口，就离成功越来越近。一旦选择了借口，便无可救药地陷入了死亡的泥潭，犹如落入虎口的羔羊，毫无招架之力只能束手就擒，一命呜呼。所以，要拯救自己，要在竞争中立于不败之地，首先要尽力清除借口。

西方有句谚语："闲时无计划，忙时多费力。"为了更好地完成工作，事先做好计划是非常必要的。我们都经历过这样的事：由于没有准备而使我们淹没于工作或责任中，但只要做点计划就会好得多。正是在这些时候，我们会指责自己，不知自己为何不做我们明知该做的事——安排时间。不管是别人问我们，或我们问自己，再好的回答往往也如出一辙。

　　下面这些常见的回答显然是站不住脚的，尽管备受挫折，这样的借口还不断地从人们的口中冒出来。当这种愚蠢想法出现时，你要马上把它消除。

　　例如，没有安排好时间的最常见的借口是："它会限制我的自由。"成功的人通过计划扩展个人自由。更好地控制日常活动中各种积极和消极的方面，会使你所想得到的最大化，不想要的最小化。

　　最自由的人，是那些最有效控制自己生活的人。这些人是成功之士，他们懂得每天工作的计划和执行过程。缺乏计划会让你成为他人日程安排的牺牲品，有了适当的计划，你就能有更多自己的日程安排，那对你来说就意味着自由。

　　另一个不做计划的借口是："事情是无法预测的。"未来的事情确实无法预测，但由此得出计划是无效的结论却是不对的。虽然我们无法预测未来，将要发生的事也不在我们的掌握之中，但那并不意味着我们应该抛弃那些给予我们希望的事物。

　　运动员无法准确地预知未来在赛场上会发生什么事情，可他们为什么为了比赛而刻苦训练？飞行员、宇航员在执行任务时会遇到不确定的事情，可他们为什么还要进行周密的准备？

　　为什么金融机构经营大宗保险业，为投保人提供退休后

的保障？你根本无法预测未来会发生什么。尽管在个人的退休账户上，时间无法像金钱那样留存下来，也不能装进咖啡罐埋在后院里。但你今天的强制性习惯，可以担保无论将来发生什么，你不会像一个毫无防备的人那样惊慌失措，满心绝望。

那种认为因为未来是不确定的，所以计划就是不切实际的观点，好比说医生不应该在学校努力学习。你是否愿意躺在手术台上对医生说："医生，我不怪你在学校荒废了学业，毕竟，在做手术的时候，谁知道会发生什么呢？"

你一定更愿意医生在给你做手术前是经过精心准备、充分考虑的。你难道不是每天都在给自己的生活动手术吗？你难道不应该充分考虑手术方案，使自己的未来更美好吗？其实正是因为未来的不确定性，事前做好准备才会让你干得更好。

还有人想出这样一个借口："我没有时间去做计划。"时间确实是很宝贵的，但试图不做计划以便节省时间，却是错误的。俗话说："磨刀不误砍柴工。"对时间计划的忽视，只能使你的大部分时间效率低下。

你已经知道，成为别人日程安排的附属品所带来的不利后果，但对自己的前途，如果你不能做到提前规划，那这个后果就正是你要面对的。的确，在你的人生之路上会遇到一些无

法预测的障碍，别人也会占用你的时间，但是如果你能提前考虑、做好自己的日程安排，并对干扰有个灵活的预期，那么这些干扰就不是不可应付的。

适当的计划可以提高自由度，可以使自己的生活更易预测，可以节省浪费在任意行动上的时间。因此，我们要养成精心谋划、认真做计划的良好习惯。

大多数的成功者，他们从不寻找借口逃脱自己的责任，他们对每件事情都神情专注、干劲十足，他们都拥有一种不达目的誓不罢休的心态。

拒绝一切借口，不是冷漠或缺乏人情，而是对人、对事的关注与支持，竭尽所能地将那些可能的伤害与打击降至最低。在我们的心里，我们要防范一切借口，摒弃一切借口。

不找任何借口，在任何时候都是成功者的关键因素之一。在我们的生活与工作中，借口如幽灵般四处游荡，肆意横行。有的人有意无意地编织着各种冠冕堂皇的借口，他们最后的目的只有一个——用借口来做他们的挡箭牌。

人类似乎天生就具有利用现有条件制造出自然的、恰当的、富有创造性的借口的本领。

现在很多企业都存在这样的通病，各种各样的借口严重干

扰公司的正常运行，危害了企业的利益。

　　其实解决的办法很简单，那就是彻底地消除借口。只有消除借口，企业才有重见天日的希望，才能迸发重新再来的活力与能量，才能克服重重困难，争取胜利。

　　有许多企业，他们会把业务人员派往外地开拓新市场，可是成功者很少，因为他们总是给自己找借口，如果这些业务员都像李选贵那样只找方法不找借口，又怎么会没有成绩呢？

　　失败的人之所以失败，是因为他们太善于找出种种借口来欺骗自己和获取别人的原谅。而成功的人，只会想尽一切办法去解决困难，当他们失败时，他们会主动承担责任。所以成功是不需要借口的。

杜绝一切借口

在西点军校，"杜绝借口"是一项坚定的制度，哪怕是看似合理的借口。西点军事训练通常将学员分成若干小组。如果谁在训练中没有通过，小组其他成员都有帮助他的责任。有时，甚至为了个别人，小组全体成员都要熬到半夜。但第二天一早，当起床号响起时，学员们即使个个眼眶发黑，却都仍然振作精神投入到高强度的训练中去，任何人都不得为自己寻求半点借口休息一下。

也许有人会认为这样的规定未免过于严苛，甚至残酷，但西点正是凭借如此严格的要求，让学生深深懂得人生并不是永远公平的；无论遭遇什么样的状况，都要想尽一切办法去完成任何一项任务；无论身处什么样的环境，都必须学会对自己的一切行为负责。西点正是通过如此严厉的训练，培养了学生坚忍不拔的毅力、坚定不移的决心、勇往直前的勇气、义无反顾的行动和热情高昂的斗志与信心。

　　在西点，每一个学员都要接受体能训练，而这种体能训练是一种相当危险的运动。同时，西点的运动竞赛也是他们的必修课程，每个学员至少有一季要参加团队运动比赛，这些都是极有可能使人受伤的剧烈运动。但每一位西点学员无不勇敢地面对危险，从不编织借口逃脱自己的责任，而是神情专注、干劲十足地全心投入。这正是因为大家根本就没有想到去找借口，心里根本就没有寻找借口的念头。

　　西点人防范一切借口，摒弃一切借口。在腥风血雨、风云变幻的战场面前，对肩负自己和他人生死存亡乃至民族国家安危重任的战士而言，一切借口甚至看似合理的借口都已不再重要，重要的只是结果——是否完成任务，是否能保护人民、捍卫国家。拒绝一切借口，不是冷漠或缺乏人情，而是对人对事至大至善的关注与支持，竭尽所力将可能的伤害与打击降至最低。

　　然而，遗憾的是，在我们的生活与工作中，有多少借口却如幽灵般四处游荡，肆意横行；有的人有意无意地编织着各种各样冠冕堂皇的借口；有的人绞尽脑汁寻找借口；有的人处心积虑制造借口。

　　有的人为上班迟到找借口，有的人为工作失误找借口，有

的人为公司效益差找借口……充斥我们身边的到处都是借口，却很少有人主动承担责任。

　　借口随处可见，已经成为普遍存在的现象。我们经常可以听到类似这样的借口："对不起，我迟到了。原本我可以早到的，偏偏天下雨了。""这份计划书现在无法完成，市场部还没把数据送来。""是的，这个月我的销售额下降了，但我联系到几个新客户。"林林总总，形形色色。这些不能做某事或做错了某事的借口，好像都成了合情合理的解释、正当有力的理由。总之，事情做砸了有借口，没完成也有借口。只要有心去找，借口无处不在。人类似乎天生就具有利用现有条件制造出自然的、恰当的、富有创造性的借口的本领。他们找借口不仅是逃避责任，更是对自己能力的践踏，对自己开拓精神的扼杀。找借口的人通常都是没有尝试，就已经放弃了。也正是由于这样，所以他们失去了重要的成长机会，因为只有在工作中，在尝试中，你才能学习更多的技能，积累更多的经验。

　　然而，让我们看一下那些成功人士，看他们是否总是为自己找借口呢？大多数的成功者，他们从不编织借口逃避自己的责任，他们往往对每件事情都是神情专注、干劲十足地全心投入，他们都拥有一种不达目的誓不罢休的心态。同时，在这些

成功者的心里根本就没有想到去找借口，在他们的心里也根本没有想过失败。

成功者找方法，失败者找借口。无论是企业，还是个人，远离了借口，就离成功越来越近，一旦选择了借口，便无可救药地陷入了死亡的泥潭，犹如落入虎口的羔羊，毫无招架之力，只能束手就擒，一命呜呼了。所以，要拯救自己，要在竞争中立于不败之地，首先必须尽力清除借口。

贵州中天养殖基地的经理李尚雄说："我最憎恨的，是那种遇事找借口的人，因为找借口使他们丧失了对工作的希望与热情，剥夺了自己对目标的认识与坚持。在长期的借口当中削弱了自己处事的毅力与信念，压制了自己的积极性与创造力。面对工作的时候，他们不是调动全部的智慧才干投身其中，而是徘徊事外，不断权衡揣测可能产生的风险。他们害怕冒险，畏惧失败。处理事情，能拖就拖，能推就推，敷衍应付，不敢负责。久而久之，他们对自己越来越失去信心，原本自己可以干好的事情也变得难以胜任，一味地在借口中逃避工作，逃避自己，从而走向退化。这种人不仅不能取得事业的成功，甚至连立身职场的资格都已经没有了。我曾经对那些遇事找借口的

人，有过仔细观察，我并不是没事找事做，我只是想认识清楚借口所带来的巨大危害。很长一段时间，我清楚地认识到借口会使那些人的性格变得越来越胆怯而懦弱，敏感且多疑。他们无论做什么事情，都畏畏缩缩，毫无主张，绝少定夺。时时处处的无能为力经常使他们神经紧张，内心无助，惶惶不可终日。他们掌握不了事态的发展，把握不了自己的存在，笼罩他们的是难以摆脱的悲观厌世感，难以言说的莫名恐惧感。这样的人生，对他们来说，除了负担已没有丝毫乐趣。"

在搜罗借口制造谎言的过程中，那些找借口的人们丢掉了诚实的美德。这是在他们内心一直存在的心病，我想只要一提起来，这些找借口的人也会脸上红一红吧！由于他们长期找借口，所以会受到内心的谴责，他们没有力量压制住这种谴责。借口，致使他们输掉的绝不仅仅是自己的职业，而是自己的全部。因为不诚实，所以他们不能够与人相处长久，不可能再赢得别人的信任。在欺骗中，他们的品性开始堕落，人格走向猥琐。

成功人士绝不会在没有努力的情况下，就事先找好借口。他会想尽一切办法完成公司交给的任务。条件不具备，他们会创造条件；人手不够，他们会多做一些，多付出一些精力和时

间。不为自己找借口的人不论被派往哪里，都不会无功而返。索尼公司的卯木肇就是这样一位精英。

20世纪70年代中期，索尼彩电在日本已经很有名气了，但是在美国却不被顾客接受。为了改变这种局面，索尼派出了一位又一位负责人前往美国芝加哥了解情况。当时，在美国人的眼中，日本货就是劣质货的代名词。所以，被派出去的负责人，一个又一个空手而回，并找出一大堆借口为自己的美国之行辩解。

但索尼公司没有放弃美国市场。后来，卯木肇被任命为索尼国外部部长。上任不久，他被派往芝加哥。当卯木肇风尘仆仆地来到芝加哥市时，他看到索尼彩电在当地寄卖商店里陈列已久，却无人问津。卯木肇百思不得其解：为什么在日本国内畅销的优质产品，一进入美国竟会落得如此下场？

经过一番调差，卯森肇知道了其中的原因。原来，以前来的负责人不仅没有努力，还糟蹋了公司的形象：他们曾多次在当地的媒体上发布削价销售索尼彩电的广告，使得索尼彩电在当地消费者心中进一步形成了"低贱""次品"的糟糕印象，索尼彩电的销量当然会受到严重的打击。在这种时候，卯木

肇完全可回国了，并且可以带回新的借口：前任们把市场破坏了，不是我的责任。

但他没有那么做，他首先想到的是如何挽救局面。

一天，他驾车去郊外的路上，看到一个牧童正赶着一头大公牛进牛栏，而公牛的脖子上系着一个铃铛，后面是一大群牛跟在这头公牛的屁股后面，温顺地鱼贯而入……此情此景令卯木肇一下子茅塞顿开：一群庞然大物居然被一个三岁小儿管得服服帖帖的，为什么？还不是因为牧童牵着一头带头牛嘛！索尼要是能在芝加哥找到这样一只"带头牛"商店来率先销售，岂不是很快就能打开局面？

卯木肇最先想到了马歇尔公司。为了尽快见到马歇尔公司的总经理，卯木肇第二天很早就去求见，但他递进去的名片被退了回来，原因是经理不在。第三天，他特意选了一个估计经理比较闲的时间去求见，但回答却是"外出了"。之后，他第三次登门，经理终于被他的耐心所感动，和他见面了，但却拒绝卖索尼的产品。经理认为索尼的产品降价拍卖，形象太差。卯木肇非常恭敬地听着经理的意见，并一再地表示要立即着手

改变商品形象。

回去后，卯木肇立即从寄卖店取回货品，取消降价销售，在当地报纸上重新刊登大面积的广告，重塑索尼形象。

做完这一切后，卯木肇再次叩响了马歇尔公司经理办公室的门。听到的是索尼的销售服务太差。卯木肇立即成立索尼特约维修部，全面负责产品的售后服务工作；重新刊登广告，并附上特约维修部的电话和地址，24小时为顾客服务。

屡遭拒绝，卯木肇没有找任何借口退缩。他规定他的每个员工每天拨五次电话，向马歇尔公司询购索尼彩电。马歇尔公司被接二连三的求购电话搞得晕头转向，以致员工误将索尼彩电列入"待交货名单"。这使得经理大光其火，他主动召见了卯木肇，一见面就大骂卯木肇扰乱了公司的正常工作秩序。卯木肇笑逐颜开，等经理发完火之后，他才晓之以理、动之以情地对经理说："我几次来见您，一方面是为本公司的利益，但同时也是为了贵公司的利益。在日本国内最畅销的索尼彩电，一定会成为马歇尔公司的摇钱树。"在卯木肇的巧言善辩下，经理终于同意试销两台，不过，条件是：如果一周之内卖不出

去，立刻搬走。

为了开个好头，卯木肇亲自挑选两名得力干将，把百万美金订货的重任交给了他们，并要求他们破釜沉舟，如果一周之内这两台彩电卖不出去，就不要再返回公司了……

两人果然不负众望，没多久就送来了好消息。马歇尔公司又追加了两台。随后，进入家电的销售旺季，短短一个月内，竟然卖出700多台。索尼和马歇尔从中获得了双赢。

有了马歇尔这只"带头牛"开路，芝加哥市的100多家商店都对索尼彩电群起而销之，不出三年，索尼彩电在芝加哥的市场占有率达到了30%。

遇到困难并不可怕，可怕的是被它吓倒。只有正确地面对它，找到问题的原因所在，并且找到一条行之有效的办法去解决它，那么，当克服了困难以后，再回过头来看看，一切是如此的简单。一个经常动脑思考并善于解决各种困难的人，无疑是生活中的强者，能不取得成功吗？

可见，哪里有借口，哪里就会有失败。因为借口会产生诸如畏难、悲观、郁闷、回避问题、不愿承担风险、没有竞争力、办事抓不住关键、缺乏责任心、低效合作、不可信任等消

极影响。借口，绝不是一个可以忽略不计的小问题，而是侵蚀企业生命的毒素，通向个人成功最大的绊脚石。

做事情找借口的人往往对自己的工作感到无力承担，也不会想办法承担，他们往往缺乏在工作中磨炼自己、提高自己的愿望，缺乏积极向上、艰苦奋斗的意志，缺乏面对困难挑战的勇气与承受挫折失败的心智。这些人渴望轻松享受，甚至期望不劳而获。也正是由于他们的这种想法，所以借口成为他们掩饰弱点、推卸责任的有效武器。利用借口，他们将本该自己去做的事务推向别人，在劳累别人、牺牲别人中放松自己、保全自己。结果，只能慢慢地扼杀自己的才能，泯灭自己的创造力。所以，借口无疑是使自己的生命枯萎，将自己的希望断送的刽子手。那些借口多于行动的人，其一生也只能做一个庸庸碌碌、无所作为的懦夫。

其实，每一份工作、每一个困难背后都蕴含着很多成长的机会。努力工作，克己尽职，工作本身自然会带给你无数回报。譬如可以开阔自己的视野，发展自己的技能，拓展自己的领域，增强自己的判断力与决策力等。所以，这些依靠借口逃避工作的人，他们的一生注定一事无成。

意识到自己的责任

　　一个企业管理者说："如果你能真正地钉好一枚纽扣，那么对你来说这应该比你缝制出一件粗糙的衣服更有价值。"忠诚负责地对待自己的工作，无论自己的工作是什么，重要的是你是否做好了你的工作。

　　事实上，只有那些能够勇于承担责任的人，才有可能被赋予更多的使命，才有资格获得更大的荣誉。一个缺乏责任感的人，或者一个不负责任的人，首先失去的是社会对自己的基本认可，其次失去了别人对自己的信任与尊重，甚至也失去了自身的立命之本——信誉和尊严。

　　清醒地意识到自己的责任，并勇敢地扛起它，无论对于自己还是对于社会都将是问心无愧的。人可以不伟大，人也可以清贫，但我们不可以没有责任。任何时候，我们不能放弃肩上的责任，扛着它，就是扛着自己生命的信念。

责任让人坚强，责任让人勇敢，责任也让人知道关怀和理解。因为我们对别人负有责任的同时，别人也在为我们承担责任。

无论你所做的是什么样的工作。只要你能认真地勇敢地担负起责任，你所做的就是有价值的，你就会获得尊重和敬意。有的责任担当起来很难，有的却很容易，无论难与易，不在于工作的类别，而在于做事的人。只要你想、你愿意，你就会做得很好。

这个世界上的所有的人都是相依为命的，所有人共同努力，郑重地担当起自己的责任，才会有生活的宁静和美好。任何一个人懈怠了自己的责任，都会给别人带来不便和麻烦，甚至是生命的威胁。

我们的家庭需要责任，因为责任让家庭更充满爱。我们的社会需要责任，因为责任能够让社会平安、稳健地发展。我们的企业需要责任，因为责任让企业更有凝聚力、战斗力和竞争力。

那责任到底是什么？

我们每一个人都在生活中饰演不同的角色。无论一个人担任何种职务，做什么样的工作，他都有对他人的责任，这是社会法则，是道德的法则，还是心灵法则。

在这个世界上，每一个人都扮演了不同的角色，每一种角

色又都承担了不同的责任，从某种程度上说，对角色饰演的最大成功就是对责任的完成。正是责任，让我们在困难时能够坚持，让我们在成功时保持冷静，让我们在绝望时懂得不放弃，因为我们的努力和坚持不仅仅为了自己，还因为别人。

社会学家戴维斯说："放弃了自己对社会的责任，就意味着放弃了自身在这个社会中更好的生存机会。"放弃承担责任，或者蔑视自身的责任，这就等于在可以自由通行的路上自设路障，摔跤绊倒的也只能是自己。

责任就是对自己所负使命的忠诚和信守，责任就是对自己工作出色地完成，责任就是忘我的坚守，责任就是人性的升华。

总之，责任就是做好社会赋予你的任何有意义的事情。

一位曾多次受到公司嘉奖的员工说："我因为责任感而多次受到公司的表扬和奖励，其实我觉得自己真的没做什么，我很感谢公司对我的鼓励，其实担当责任或者愿意负责并不是一件困难的事，如果你把它当作一种生活态度的话。"

其实，在很多养成教育中，就有关于责任感的训练。注意生活中的细节就有助于责任的养成。大家都说习惯成自然，如果责任也成为一种习惯时，也就慢慢成了一个人的生活态度，你就会自然而然地去做它，而不是刻意去做的，当一个人自然

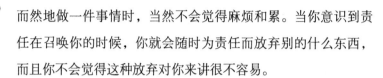

而然地做一件事情时，当然不会觉得麻烦和累。当你意识到责任在召唤你的时候，你就会随时为责任而放弃别的什么东西，而且你不会觉得这种放弃对你来讲很不容易。

对于承诺的信守，这就是你的责任。一旦你做出什么承诺，你就必须有履行这个承诺的责任。如果你是一个很信守承诺的人，别人可能会对你的承诺守信表示赞美，你可能就不会欣欣然，因为你觉得自己本该这么做，这是你的一种生活态度。

守时也是一个人最基本的责任。要知道，一个人的不守时就相当于在浪费别人的生命，我们有能力承担这样的一个后果吗？在我们的生活中，总会遇到一些不守时的人，他们自己对此不以为然，这也是他们的生活态度。

所以，责任是一种生活态度，不负责任也是一种生活态度。

作为企业的一名员工，有责任遵守公司的一切规定。当你违背了公司的规定但却没有足够的理由，形式上的惩罚并不能掩盖你对自身责任的漠视。

比如，你上班时迟到了五分钟，公司可能就扣掉了你当月的奖金，你很可能对公司的处理愤愤不平："不就迟到五分钟吗？有什么了不起的，会让公司倒闭吗？"其实，如果你仔细反思一下自己，公司的每个人都迟到五分钟，那会怎么样？你

违背了公司的规定，公司没有对你进行处罚，那么对别人呢？公司的规定岂不是形同虚设？有人曾严厉地提出："一个没有制度规范的公司，根本不会有什么前途。"所以，遵守公司的规定是每一个员工的责任，你的这种想法只能说明你没把自己的责任当回事儿。

当你已经习惯了别人替你承担责任，那么你将永远亏欠别人，你的腰板就永远也不会挺直。所以，把责任作为一种生活态度是最好的。这样既不会觉得责任会给自己带来的压力，也不会因为自己承担责任而觉得别人欠了你什么。

尤其是当责任由生活态度成为工作态度时，工作对于自身的意义就不仅仅是赚钱那么简单，也就不会因为公司的规定而觉得自己的自由受到了羁绊，更不会做出违背公司利益的事。

作为员工，不要总抱怨老板没有给你机会，有空的时候不妨仔细想一想，你是否能够在老板交给你任务时，漂亮地完成任务并且没有那么多的废话？你是否平时就给老板留下了一个能够承担责任勇于负责的印象？如果没有，你就别抱怨机会不来敲你的门。

当你少一些抱怨、少一些牢骚、少一些理由，多一分认真、多一分责任、多一分主动的时候，机会就会悄然降临。